EL LIBRO PERTENECE
A

TABLA DE CONTENIDO

POSTURAS DE YOGA PARA EXPERTOS

POSTURAS DE YOGA PARA EXPERTOS

1. PURNA MATSYENDRASANA

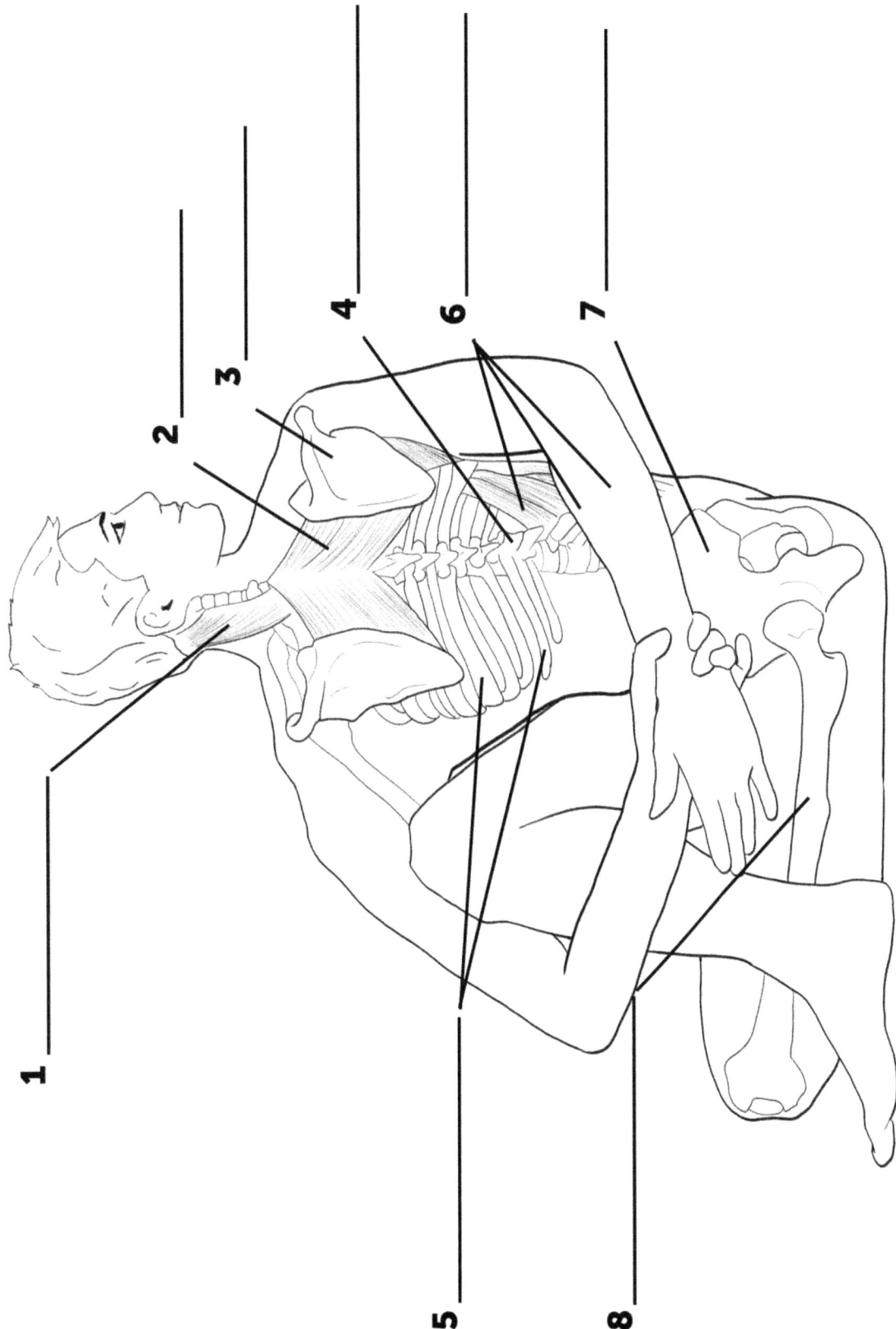

1

2

3

4

6

7

5

8

1. PURNA MATSYENDRASANA

1. MÚSCULO ESPLENIO DE LA CABEZA

2. ROMBOIDES

3. ESCÁPULA

4. COLUMNA VERTEBRAL

5. COSTILLAS

6. ERECTOR DE LA COLUMNA

7. PELVIS

8. FÉMUR

2. POSTURA DEL CUERVO VOLADOR

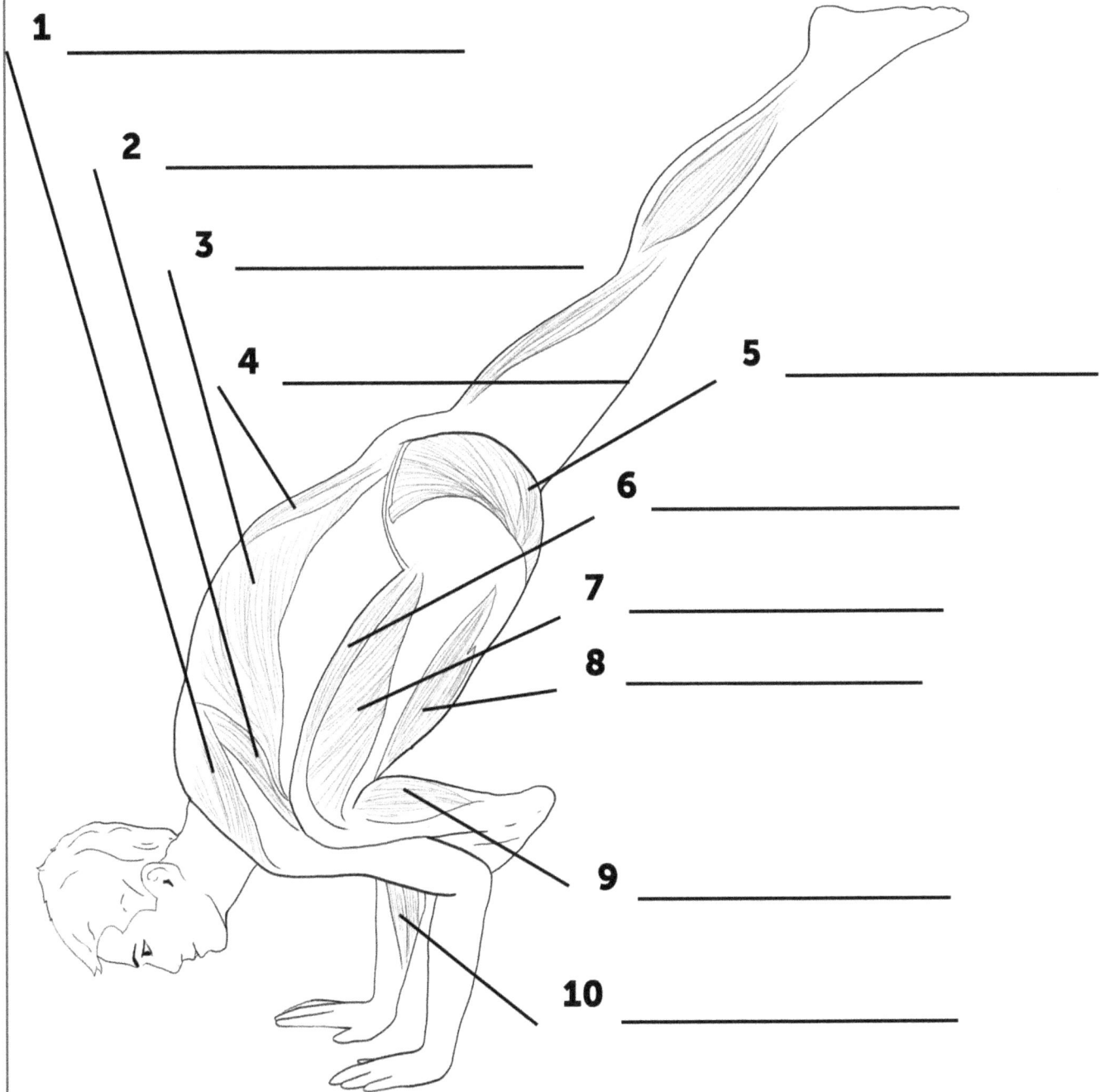

1 _____

2 _____

3 _____

4 _____

5 _____

6 _____

7 _____

8 _____

9 _____

10 _____

2. POSTURA DEL CUERVO VOLADOR

1. DELTOIDES
2. TRÍCEPS BRAQUIAL
3. LATISSIMUS DORSI
4. ERECTOR DE LA COLUMNA
5. MÚSCULO GLÚTEO MAYOR
6. RECTO FEMORAL
7. MÚSCULO VASTO LATERAL
8. ISQUIOTIBIALES
9. GASTROCNEMIO
10. PRONADORES

3. POSTURA DEL ESCORPIÓN

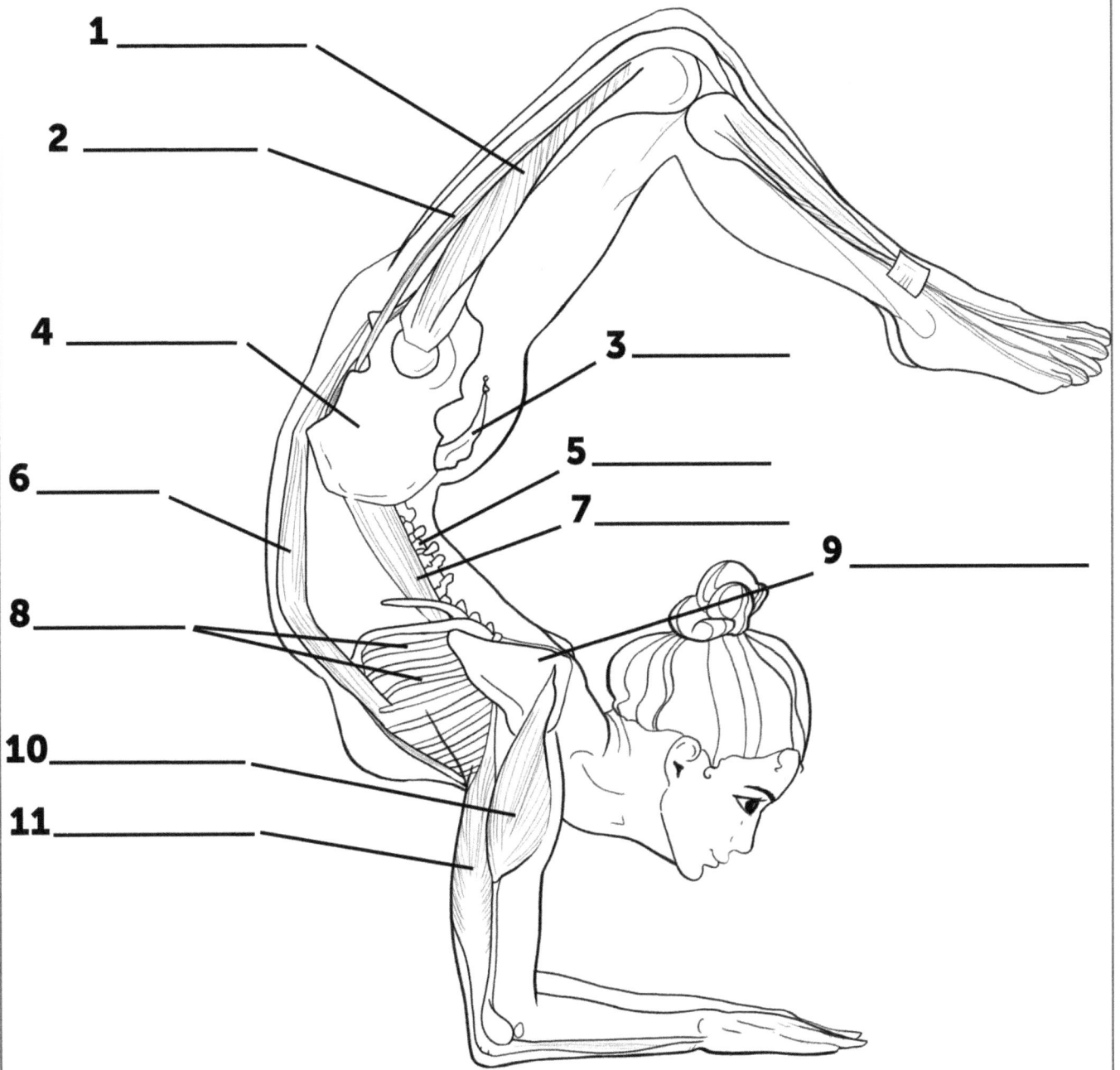

1 _____

2 _____

3 _____

4 _____

5 _____

6 _____

7 _____

8 _____

9 _____

10 _____

11 _____

3. POSTURA DEL ESCORPIÓN

1. MÚSCULO VASTO LATERAL

2. RECTO FEMORAL

3. HUESO SACRO

4. PELVIS

5. COLUMNA VERTEBRAL

6. RECTO ABDOMINAL

7. MÚSCULO PSOAS MAYOR

8. COSTILLAS

9. ESCÁPULA

10. DELTOIDES

11. TRÍCEPS BRAQUIAL

4. POSTURA DE LUCIÉRNAGA

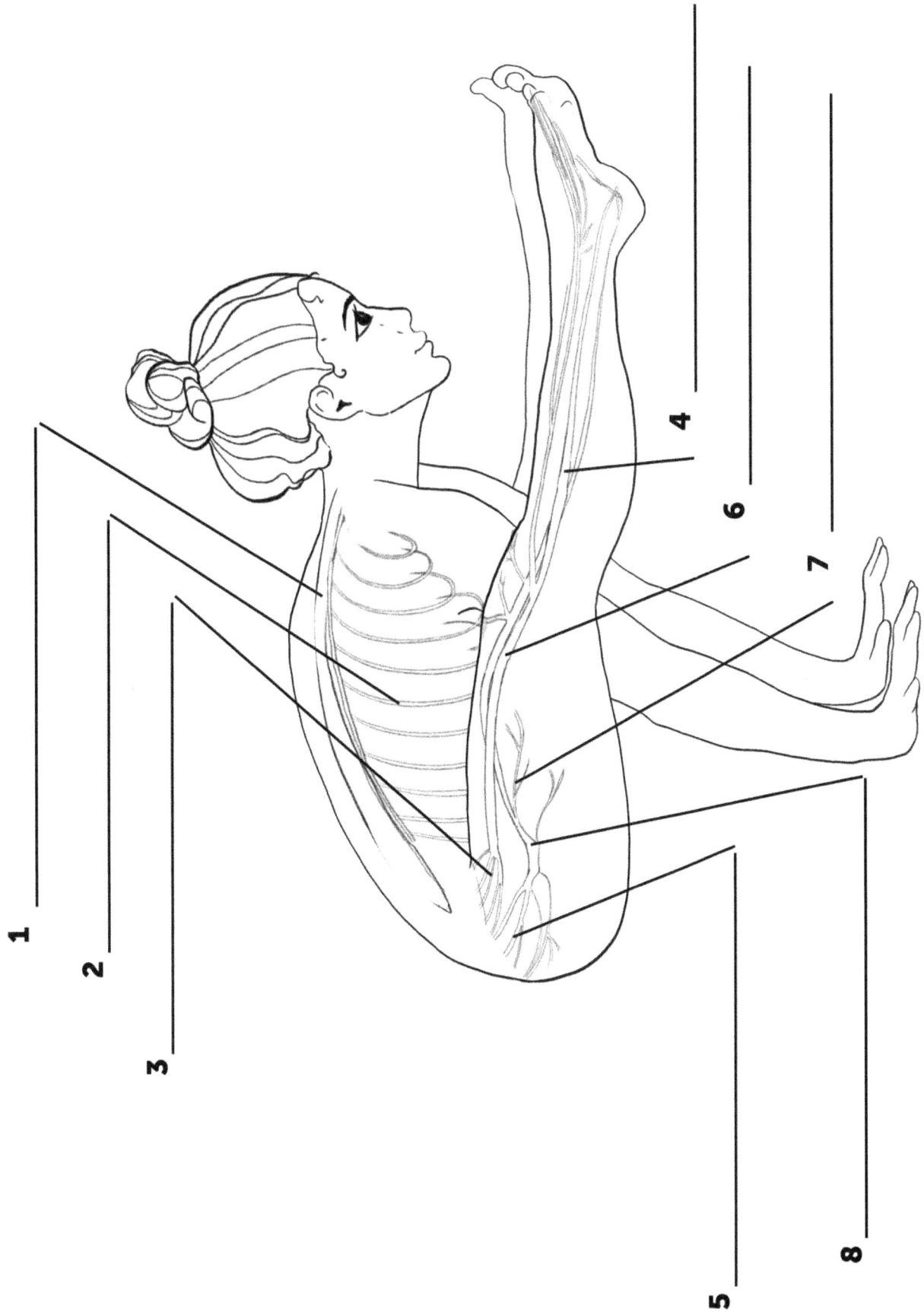

1

2

3

4

5

6

7

8

4. POSTURA DE LUCIÉRNAGA

1. MÉDULA ESPINAL

2. INTERCOSTALES

3. PLEXO SACRO

4. TIBIAL

5. PLEXO LUMBAR

6. CIÁTICO

7. RAMAS MUSCULARES DE FEMORAL

8. FEMORAL

5. POSTURA DE AVE DEL PARAÍSO

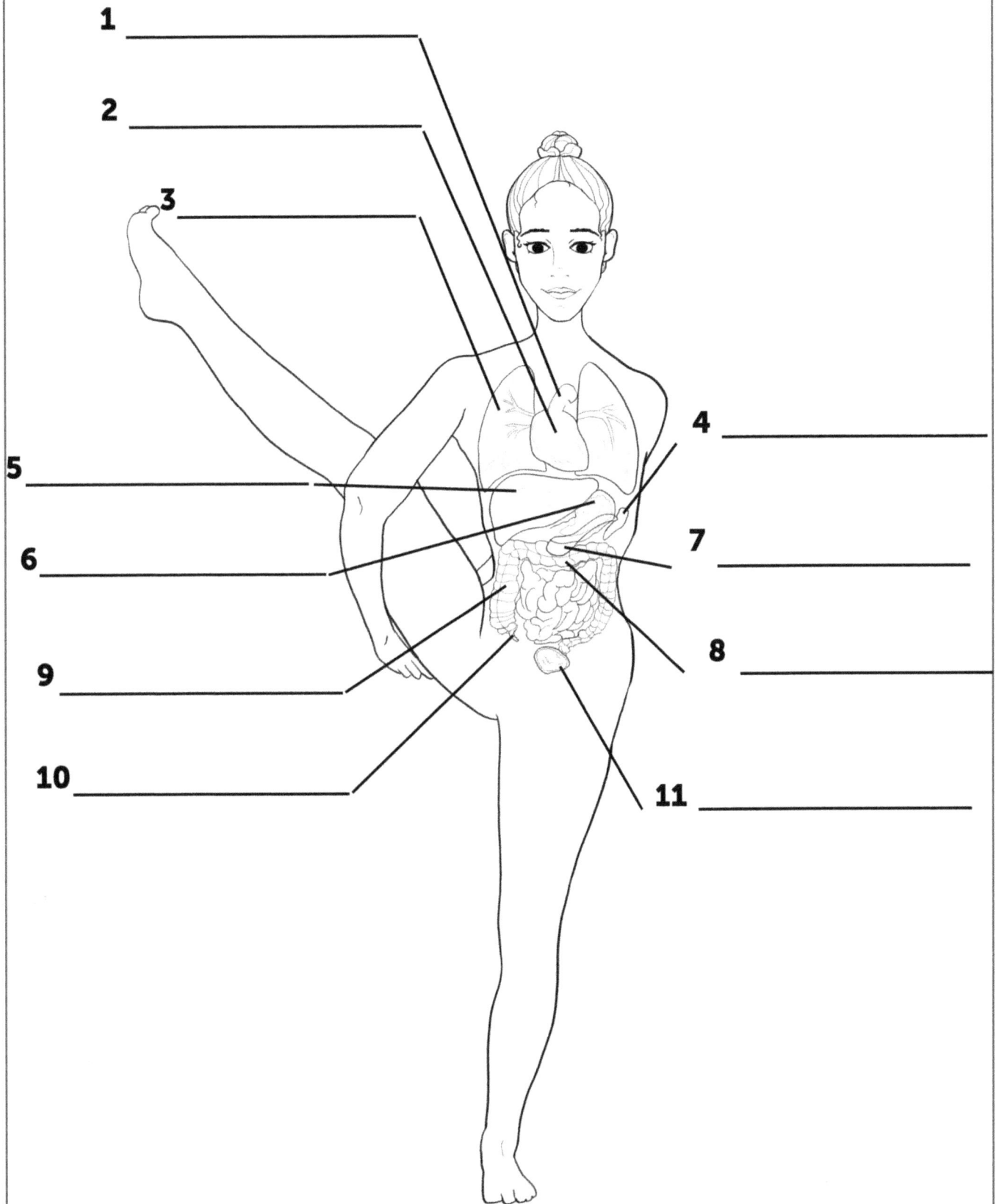

1 _____

2 _____

3 _____

4 _____

5 _____

6 _____

7 _____

8 _____

9 _____

10 _____

11 _____

5. POSTURA DE AVE DEL PARAÍSO

1. AORTA
2. CORAZÓN
3. PULMONES
4. BAZO
5. HÍGADO
6. ESTÓMAGO
7. PÁNCREAS
8. COLON TRANSVERSO
9. COLON ASCENDENTE
10. APÉNDICE
11. VEJIGA URINARIA

6. MAYURASANA

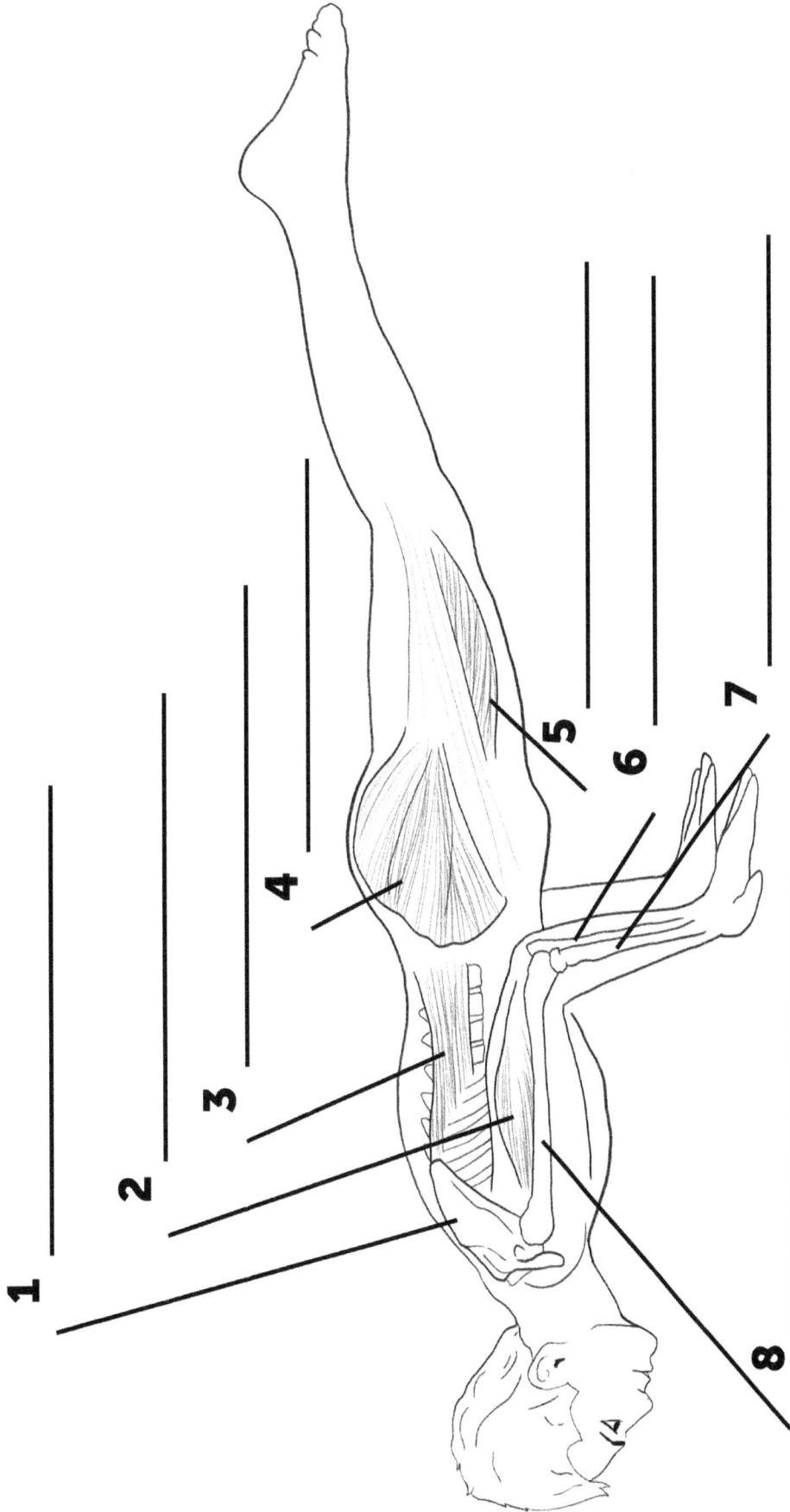

6. MAYURASANA

1. ESCÁPULA
2. TRÍCEPS BRAQUIAL
3. ERECTOR DE LA COLUMNA
4. MÚSCULO GLÚTEO MAYOR
5. CUADRÍCEPS
6. CÚBITO
7. RADIO
8. HÚMERO

7. POSTURA DE LA PALOMA REY CON UNA SOLA PIERNA II

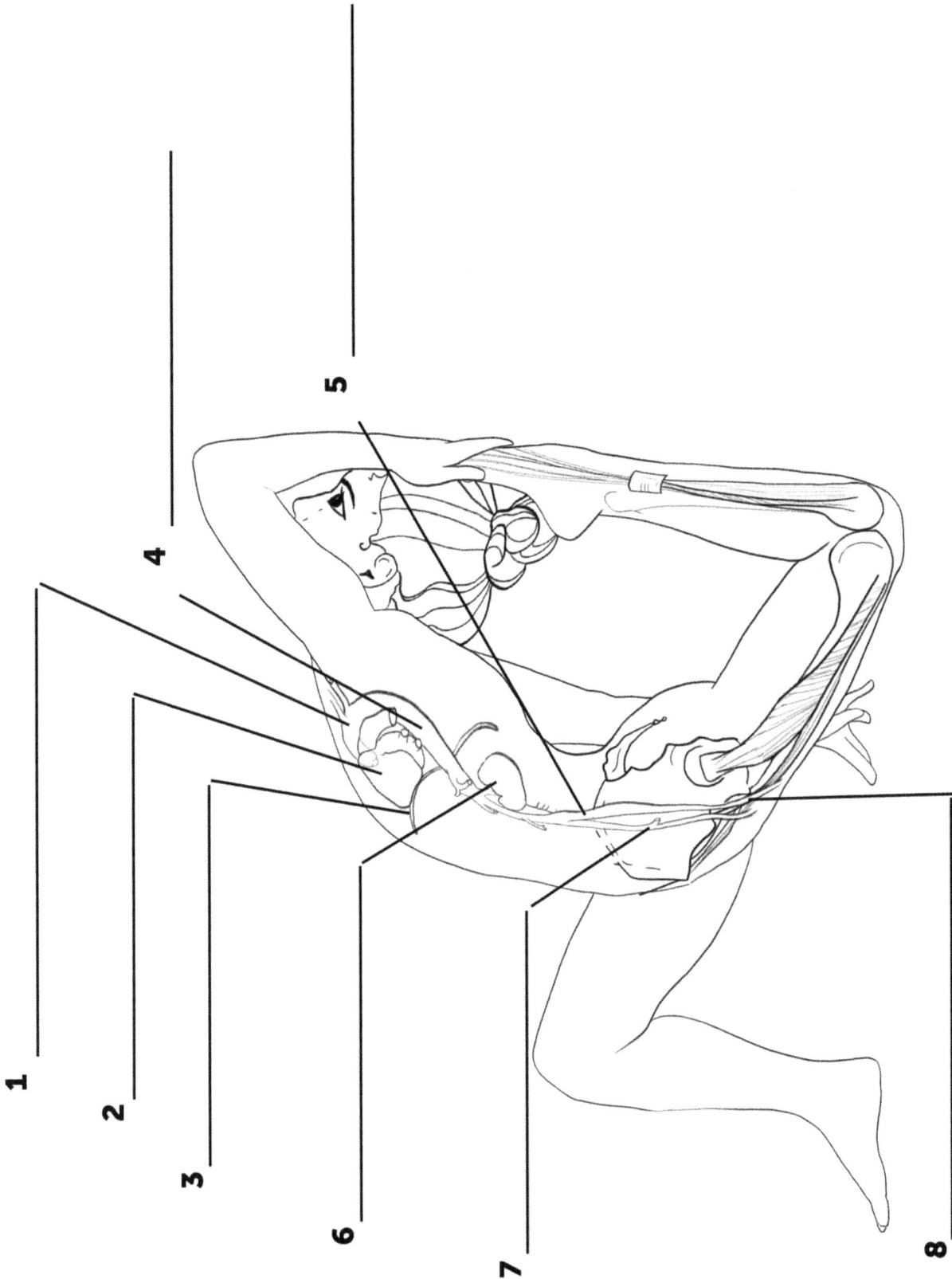

1

2

3

4

5

6

7

8

7. POSTURA DE LA PALOMA REY CON UNA SOLA PIERNA II

1. AORTA TORÁCICA ASCENDENTE

2. CORAZÓN

3. DIAFRAGMA

4. AORTA TORÁCICA DESCENDENTE

5. AORTA ABDOMINAL

6. RIÑÓN

7. ARTERIA ILIACA COMÚN

8. ARTERIA FEMORAL

8. LAGHU VAJRASANA

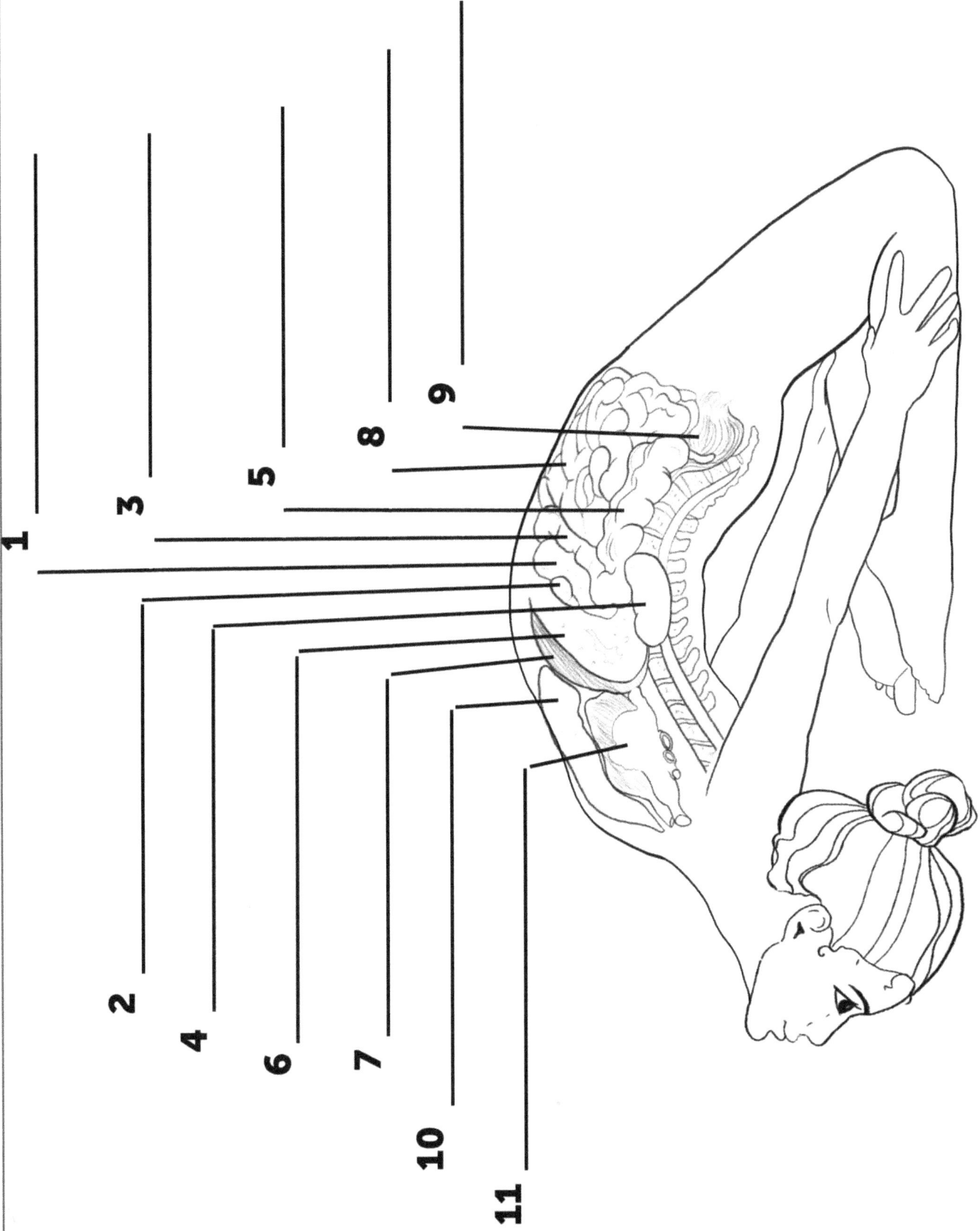

1

2

3

4

5

6

7

8

9

10

11

8. LAGHU VAJRASANA

1. ESTÓMAGO
2. VESÍCULA BILIAR
3. COLON TRANSVERSO
4. RIÑÓN
5. COLON ASCENDENTE
6. HÍGADO
7. DIAFRAGMA
8. FOLICULOS DE INTESTINO DELGADO
9. RECTO
10. PULMONES
11. CORAZÓN

9. PARIGHASANA

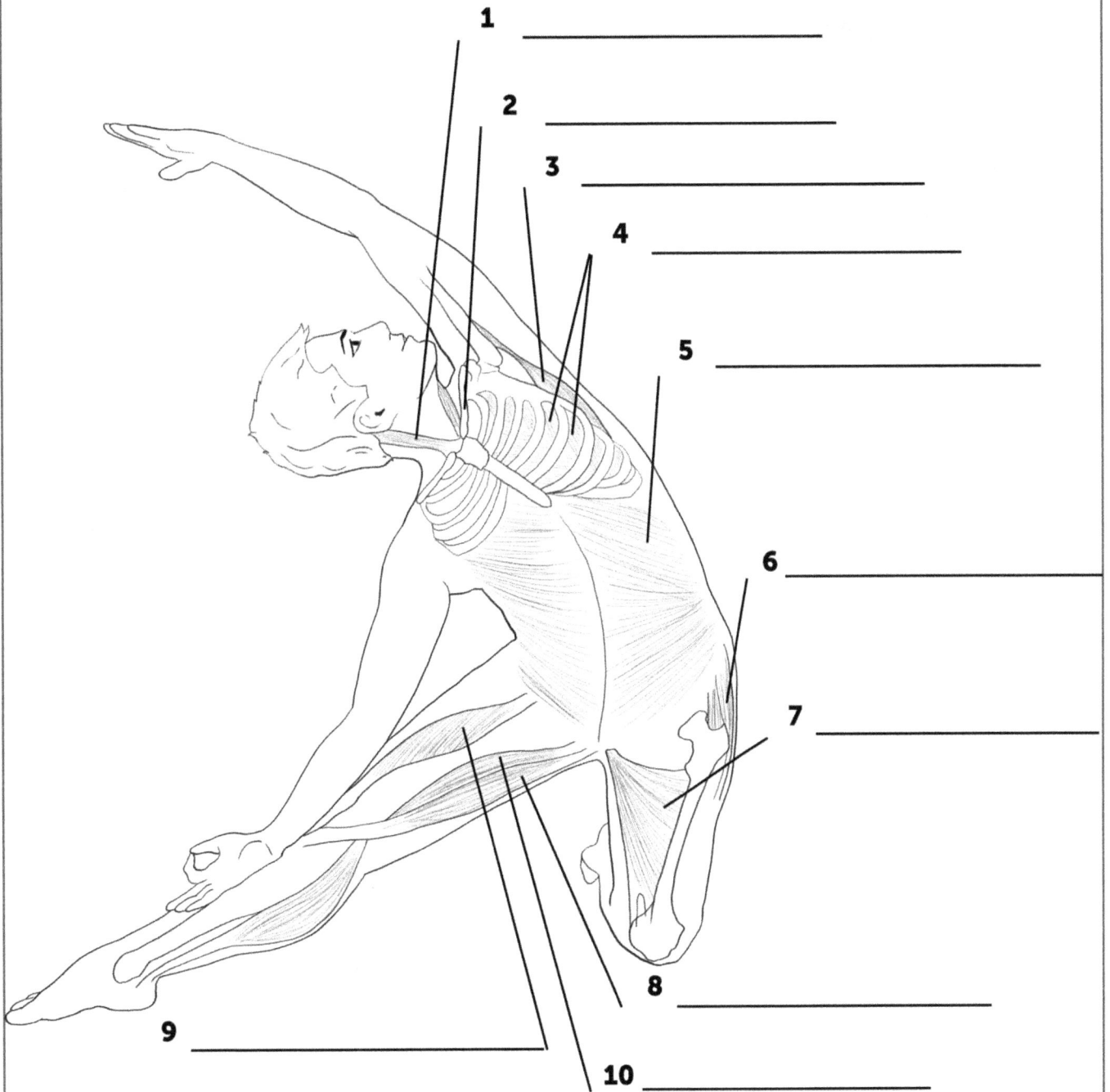

1 _____

2 _____

3 _____

4 _____

5 _____

6 _____

7 _____

8 _____

9 _____

10 _____

9. PARIGHASANA

1.   MÚSCULO ESPLENIO DE LA CABEZA

2.   CLAVÍCULA

3.   LATISSIMUS DORSI

4.   INTERCOSTALES

5.   OBLICUO EXTERNO

6.   MÚSCULO TENSOR DE LA FASCIA LATA

7.   MÚSCULO ADUCTOR LARGO DEL MUSLO

8.   GRÁCIL

9.   RECTO FEMORAL

10. ADUCTOR MAYOR

10. POSTURA SAGE KOUNDIYA I

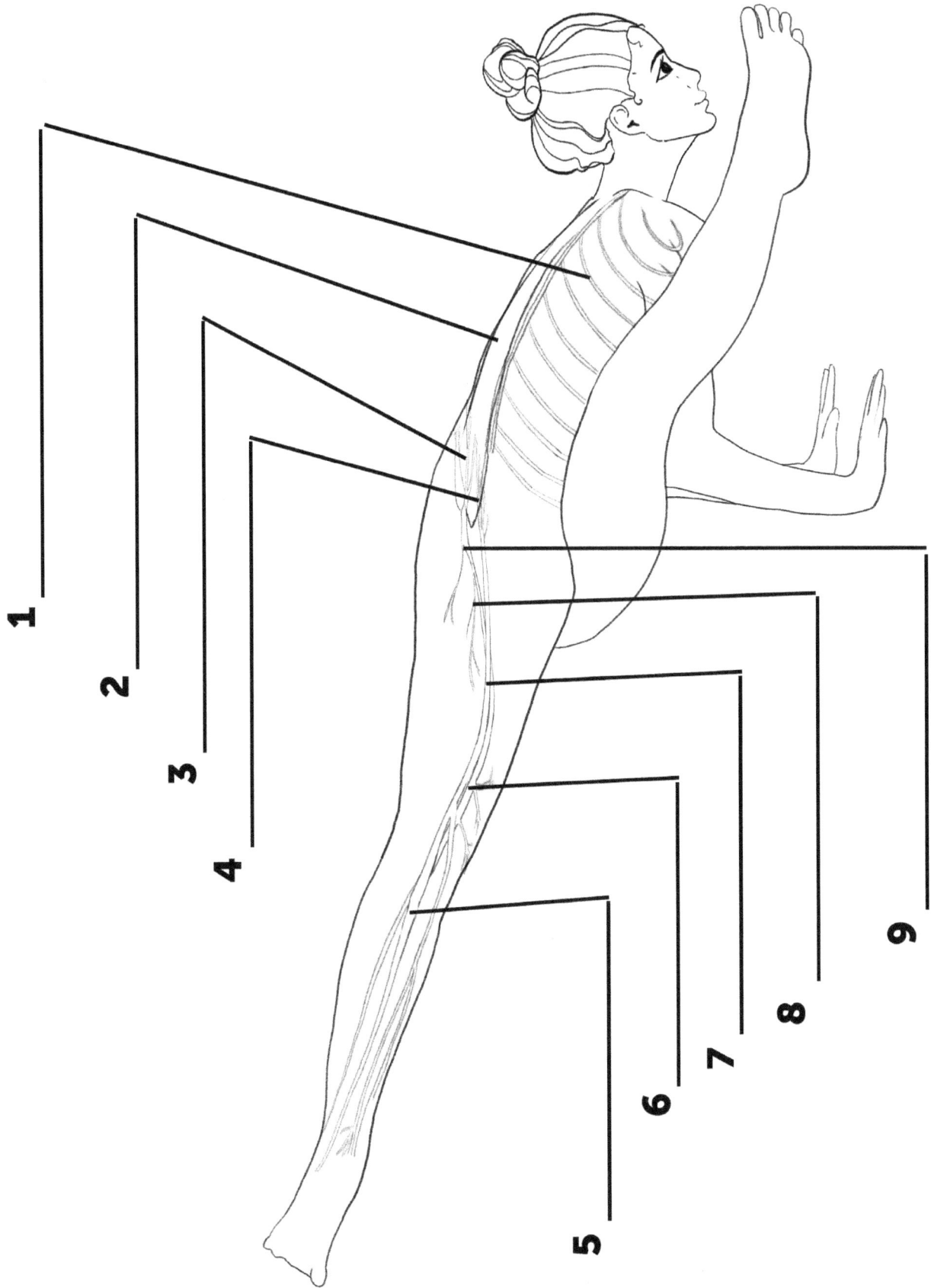

1

2

3

4

5

6

7

8

9

10. POSTURA SAGE KOUNDIYA I

1.   INTERCOSTALES

2.   MÉDULA ESPINAL

3.   PLEXO LUMBAR

4.   PLEXO SACRO

5.   TIBIAL

6.   SAFENA

7.   CIÁTICO

8.   RAMAS MUSCULARES DE FEMORAL

9.   FEMORAL

11. POSTURA SAGE KOUNDIYA II

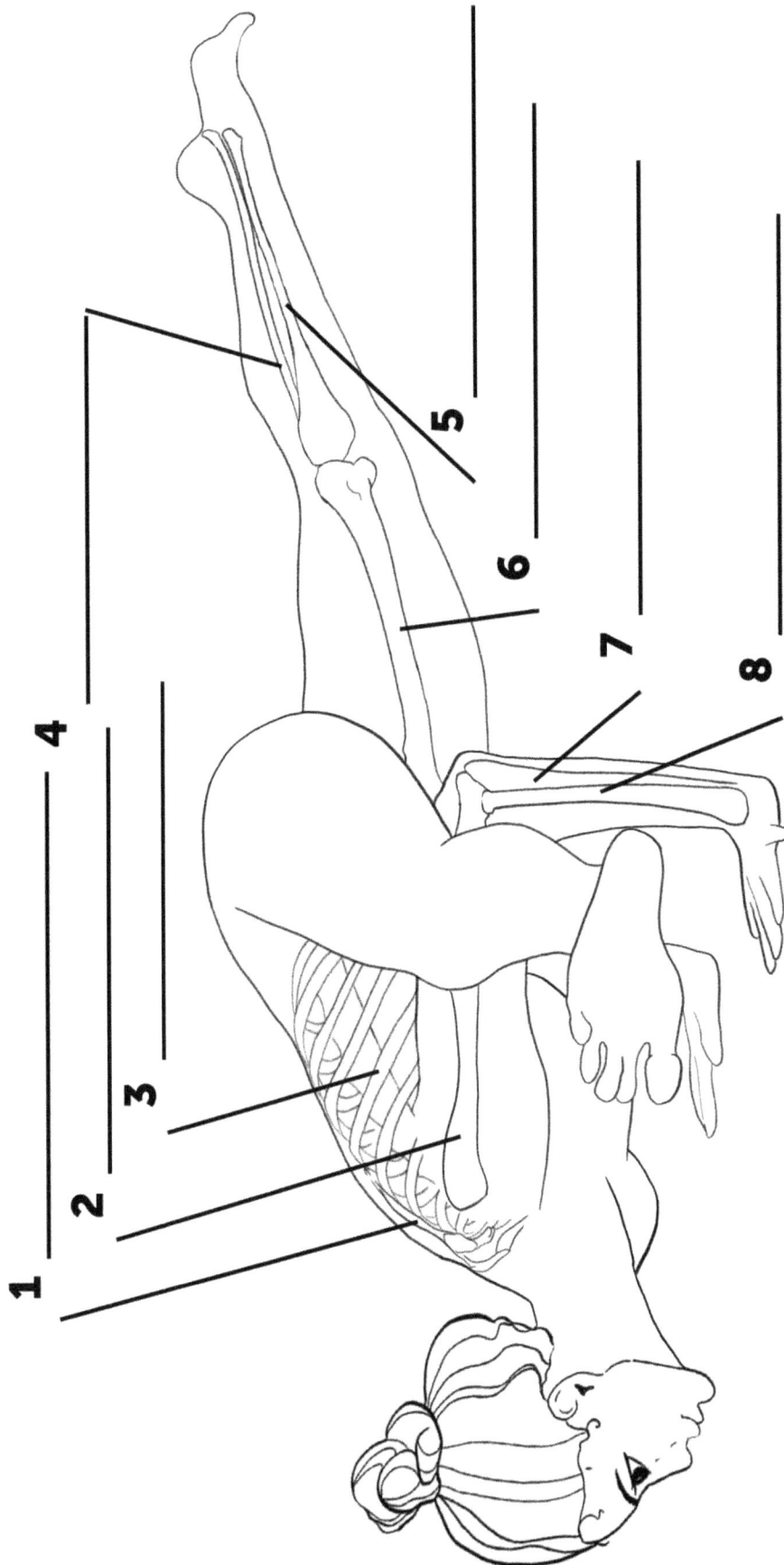

11. POSTURA SAGE KOUNDIYA II

1. ESCÁPULA
2. HÚMERO
3. COSTILLAS
4. PERONÉ
5. TIBIA
6. FÉMUR
7. CÚBITO
8. RADIO

12. EKA PADA SIRSASANA

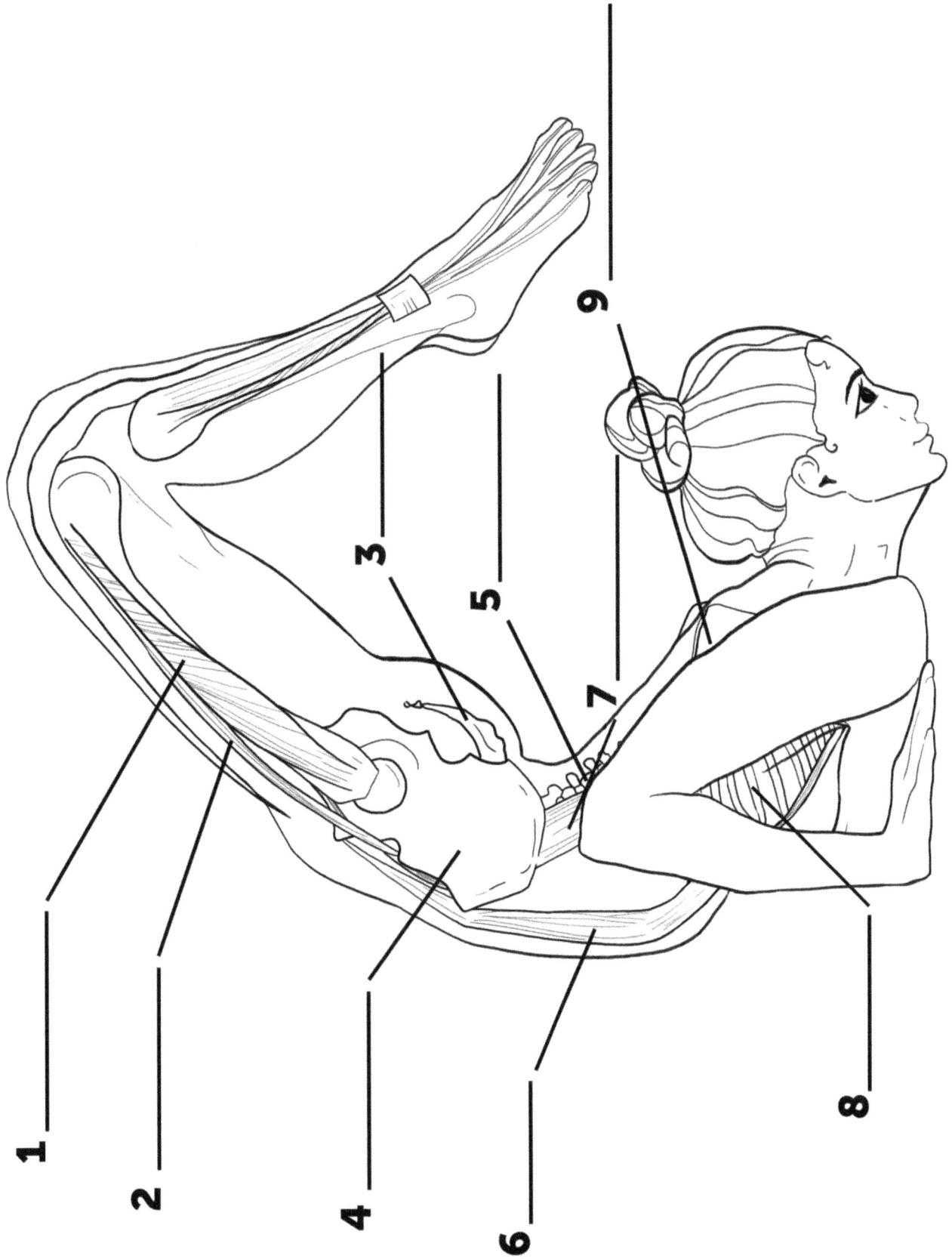

1

2

3

4

5

6

7

8

9

12. EKA PADA SIRSASANA

1. MÚSCULO VASTO LATERAL

2. RECTO FEMORAL

3. SACRO

4. PELVIS

5. COLUMNA VERTEBRAL

6. RECTO ABDOMINAL

7. ERECTOR DE LA COLUMNA

8. COSTILLAS

9. ESCÁPULA

13. POSTURA DEL SALTAMONTES BEBÉ MAESTRO

1

2

3

4

5

6

7

8

13. POSTURA DEL SALTAMONTES BEBÉ MAESTRO

1.   CUADRÍCEPS
2.   TRÍCEPS BRAQUIAL
3.   BÍCEPS BRAQUIAL
4.   TRAPECIO
5.   DELTOIDES
6.   TIBIAL ANTERIOR
7.   GASTROCNEMIO
8.   PRONADORES

14. DWI PADA VIPARITA DANDASANA

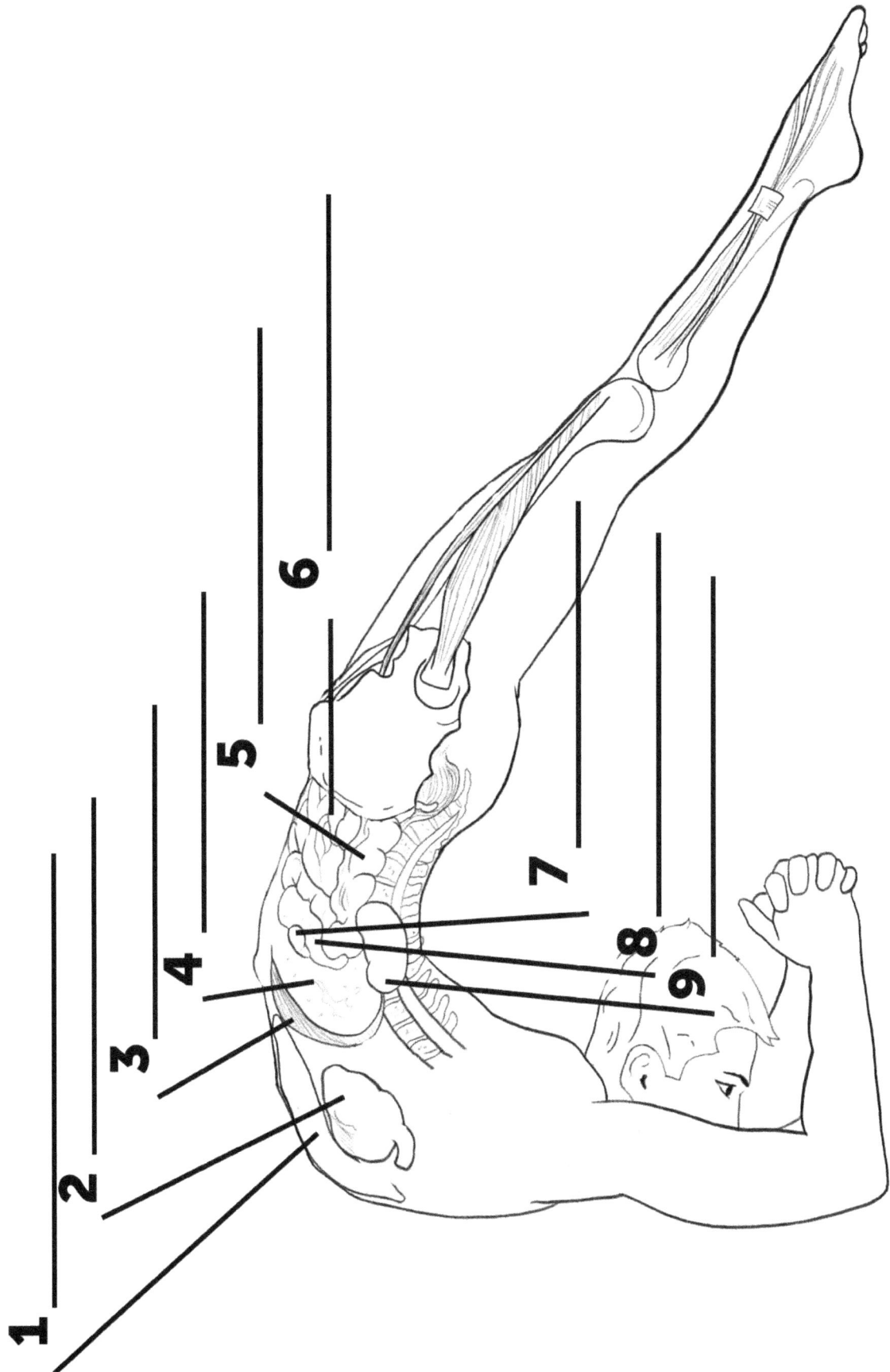

14. DWI PADA VIPARITA DANDASANA

1. PULMONES

2. CORAZÓN

3. DIAFRAGMA

4. HÍGADO

5. COLON ASCENDENTE

6. FOLICULOS DE INTESTINO DELGADO

7. VESÍCULA BILIAR

8. ESTÓMAGO

9. RIÑÓN

15. TORSIÓN BHARADVAJA

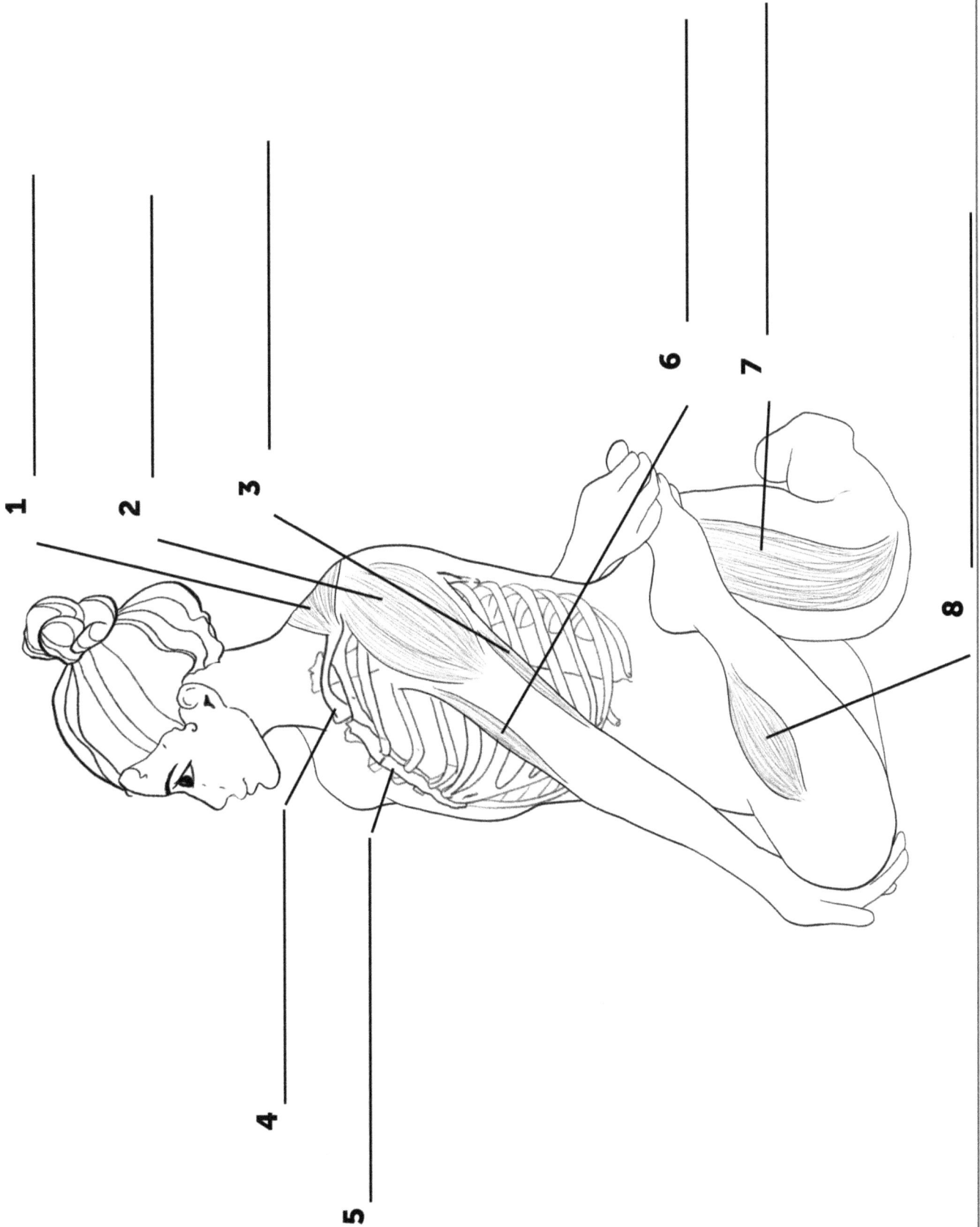

1

2

3

4

5

6

7

8

15. TORSIÓN BHARADVAJA

1. TRAPECIO
2. DELTOIDES
3. TRÍCEPS BRAQUIAL
4. CLAVÍCULA
5. ESTERNÓN
6. BÍCEPS BRAQUIAL
7. CUADRÍCEPS
8. GASTROCNEMIO

16. ASTAVAKRASANA

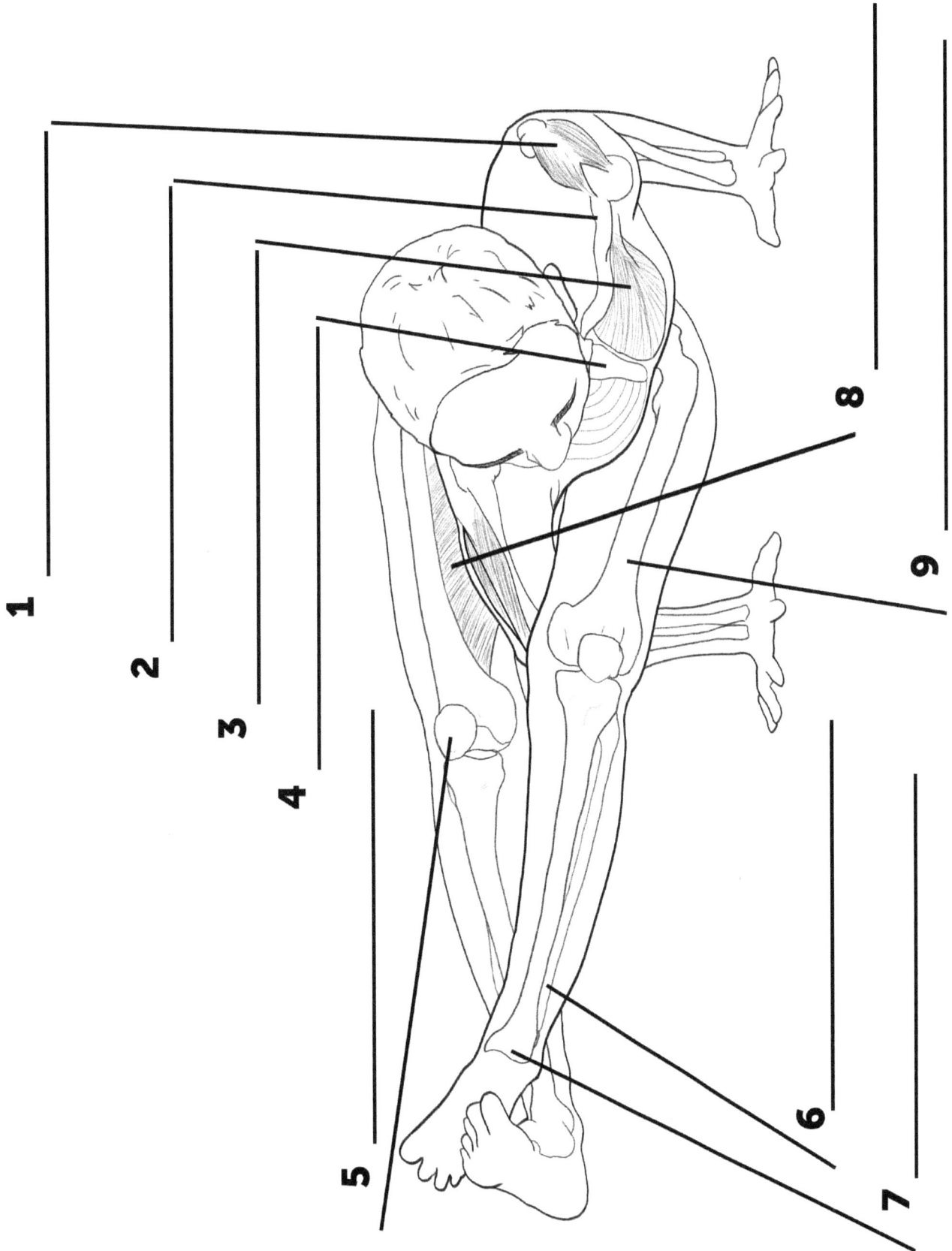

1

2

3

4

5

6

7

8

9

16. ASTAVAKRASANA

1. TRÍCEPS BRAQUIAL
2. CLAVÍCULA
3. PECTORAL MAYOR
4. ESTERNÓN
5. RÓTULA
6. PERONÉ
7. TIBIA
8. ADUCTORES
9. FÉMUR

17. POSTURA DEL LOTO MEDIO ATADO DEL SABIO

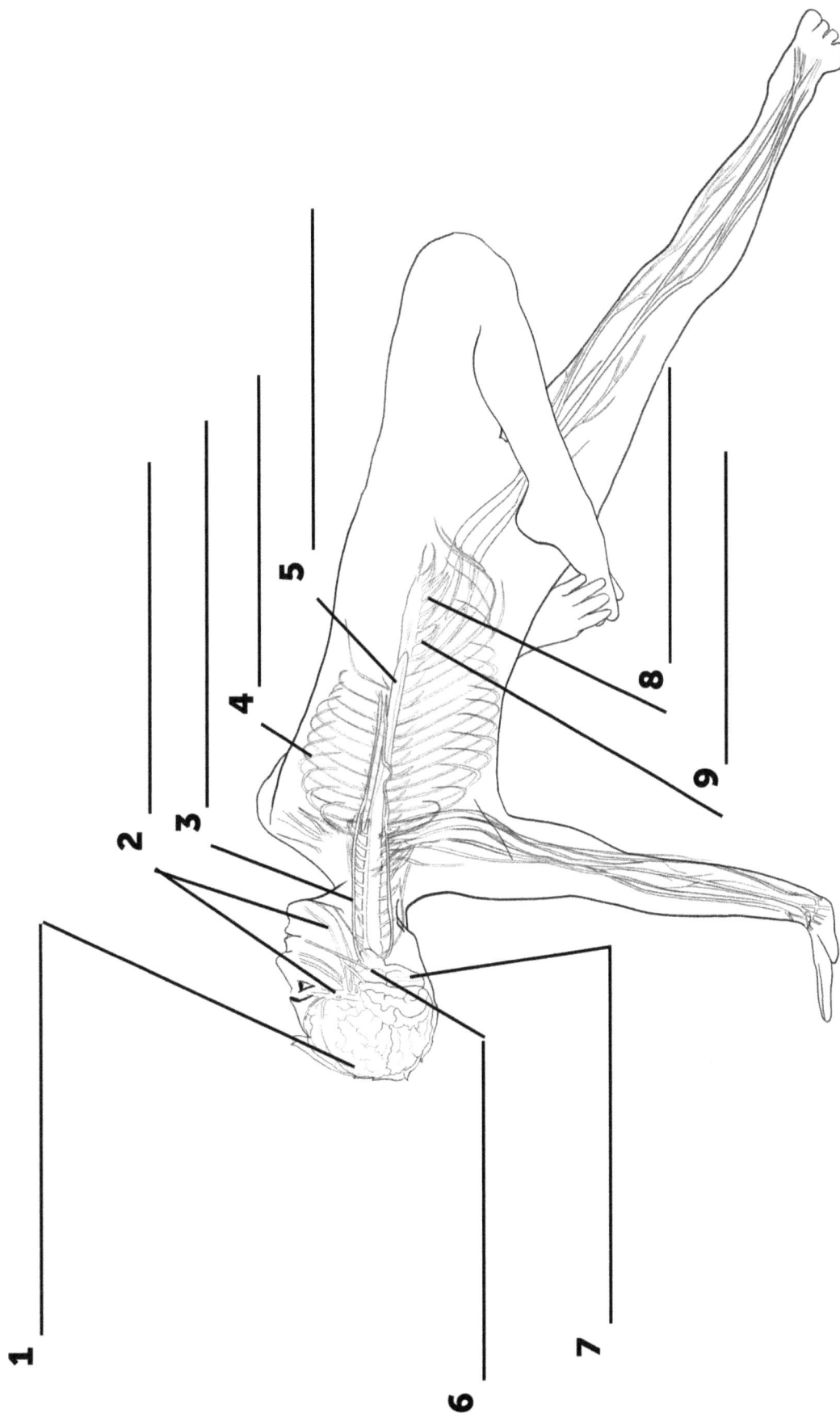

1

2

3

4

5

6

7

8

9

17. POSTURA DEL LOTO MEDIO ATADO DEL SABIO

1. CEREBRO
2. NERVIOS CRANEALES
3. NERVIO VAGO
4. INTERCOSTALES
5. MÉDULA ESPINAL
6. TRONCO ENCEFÁLICO
7. CEREBELO
8. PLEXO SACRO
9. PLEXO LUMBAR

18. BHUJAPIDASANA

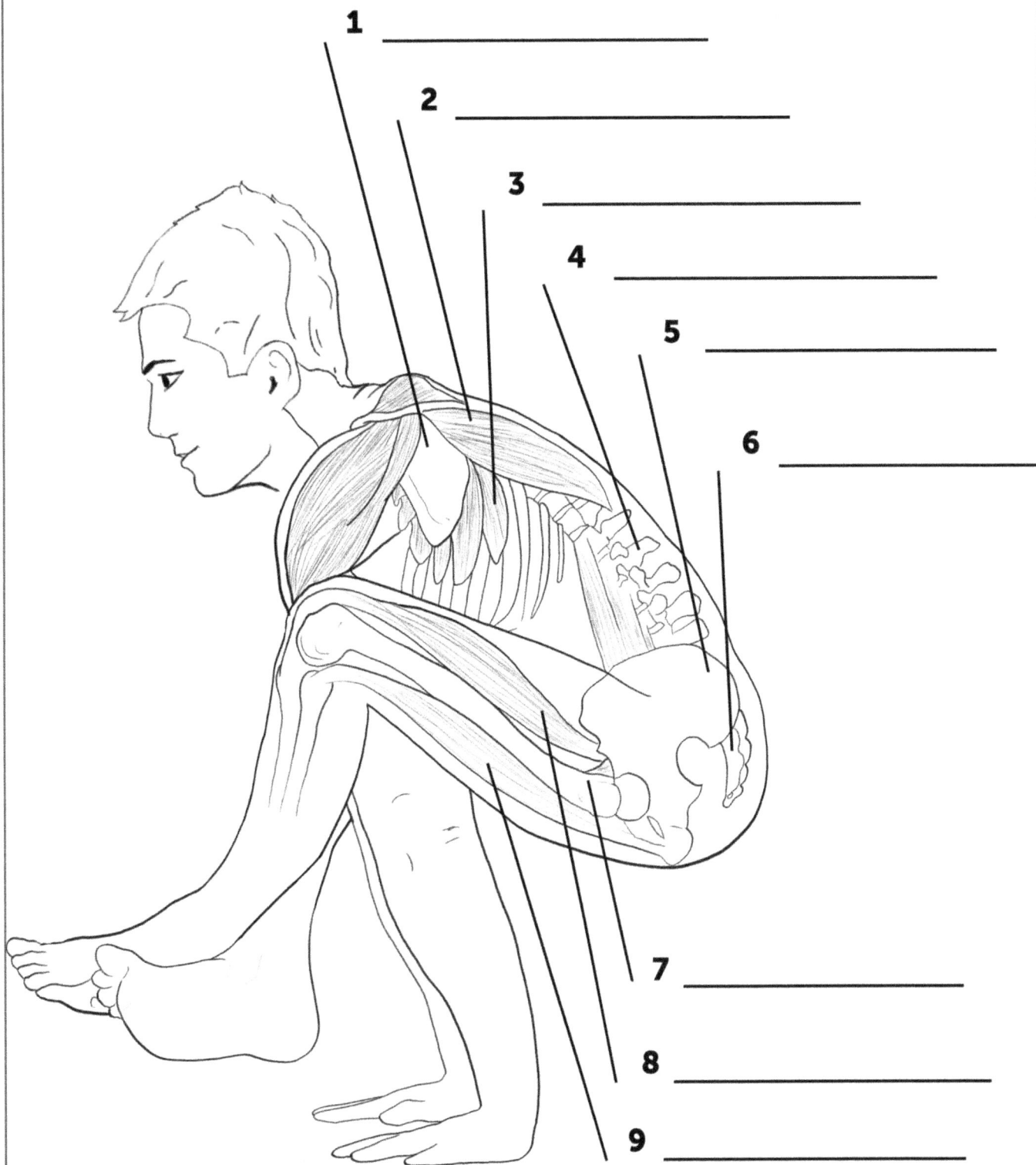

1 _____

2 _____

3 _____

4 _____

5 _____

6 _____

7 _____

8 _____

9 _____

18. BHUJAPIDASANA

1. ESCÁPULA
2. ROMBOIDES
3. SERRATO ANTERIOR
4. COLUMNA VERTEBRAL
5. PELVIS
6. SACRO
7. FÉMUR
8. CUADRÍCEPS
9. ISQUIOTIBIALES

19. SUPER SOLDADO

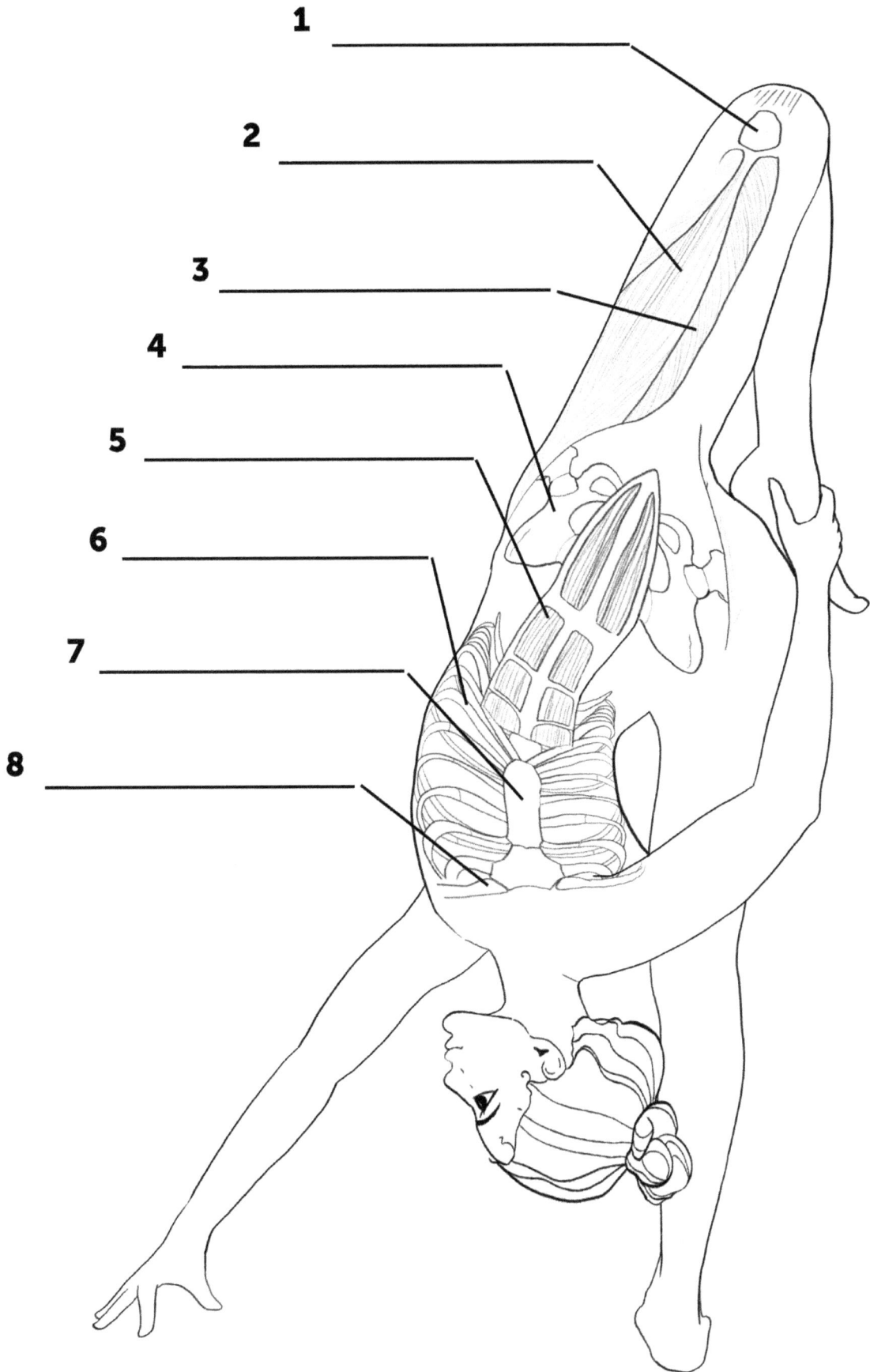

1 _____

2 _____

3 _____

4 _____

5 _____

6 _____

7 _____

8 _____

19. SUPER SOLDADO

1.   RÓTULA

2.   RECTO FEMORAL

3.   VASTO MEDIAL

4.   PELVIS

5.   RECTO ABDOMINAL

6.   COSTILLAS

7.   ESTERNÓN

8.   CLAVÍCULA

20. POSTURA DEL MONO

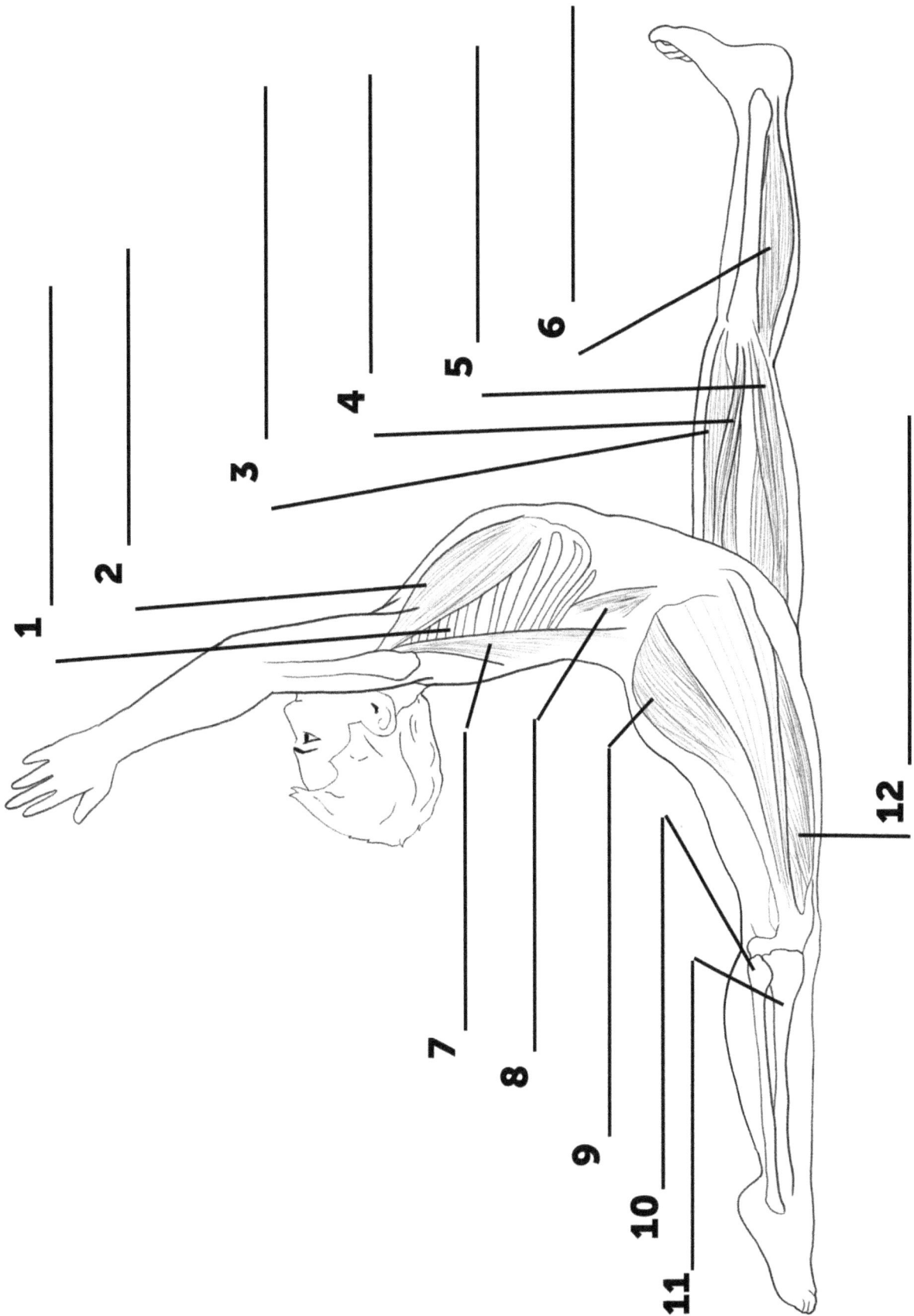

20. POSTURA DEL MONO

1.   COSTILLAS

2.   PECTORAL MAYOR

3.   RECTO FEMORAL

4.   SARTORIO

5.   ISQUIOTIBIALES

6.   GASTROCNEMIO

7.   LATISSIMUS DORSI

8.   ERECTOR DE LA COLUMNA

9.   MÚSCULO GLÚTEO MAYOR

10. PERONÉ

11. TIBIA

12. CUADRÍCEPS

21. EUPAVISTHA KONASAN

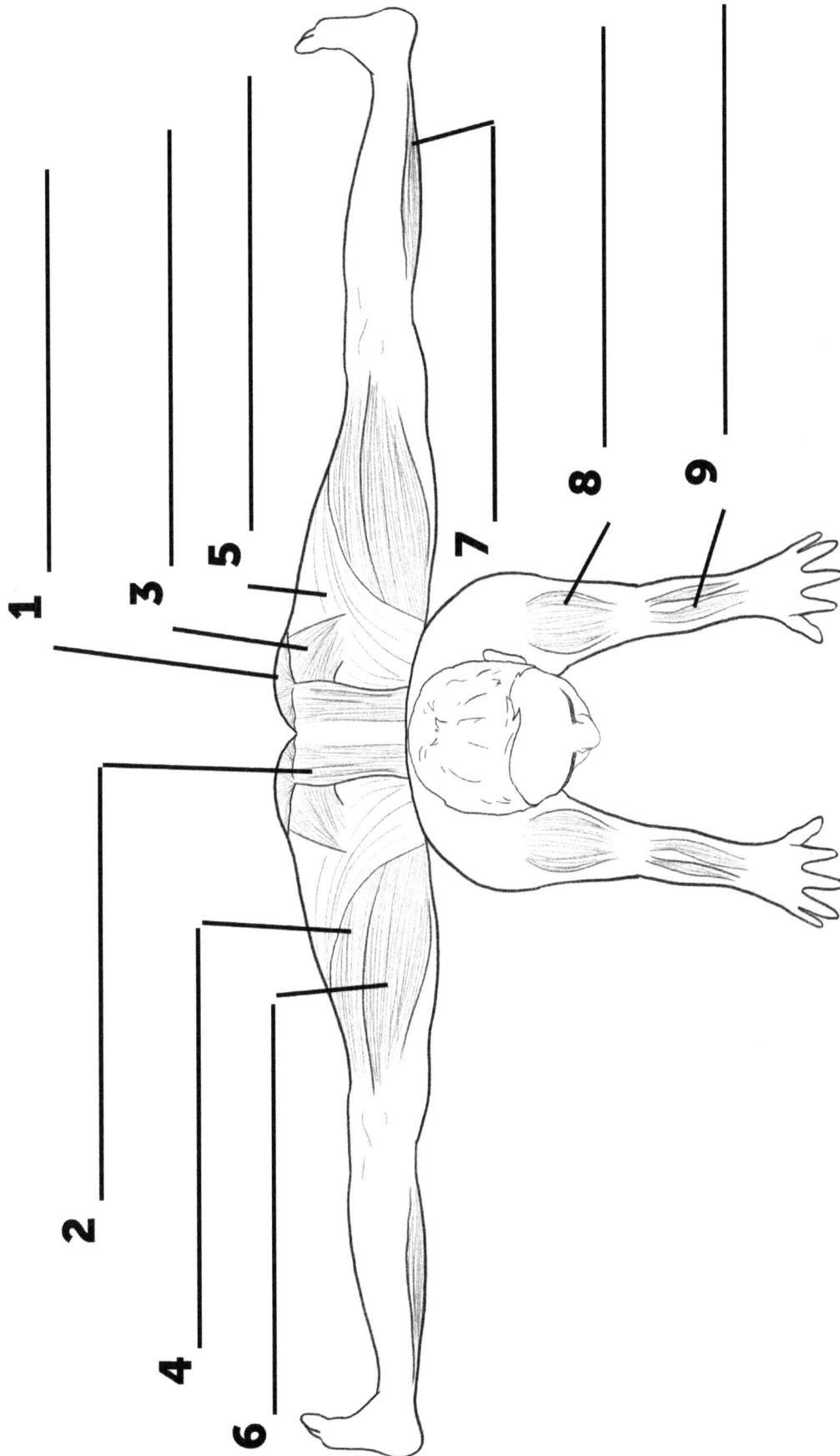

1

3

5

7

8

9

2

4

6

21. EUPAVISTHA KONASAN

1. MÚSCULO GLÚTEO MAYOR

2. ERECTOR DE LA COLUMNA

3. GLÚTEO MEDIO

4. MÚSCULO VASTO LATERAL

5. BANDA ILIOTIBIAL

6. RECTO FEMORAL

7. GASTROCNEMIO

8. DELTOIDES

9. PRONADORES

22. LAGARTO DE EQUILIBRIO EXTENDIDO

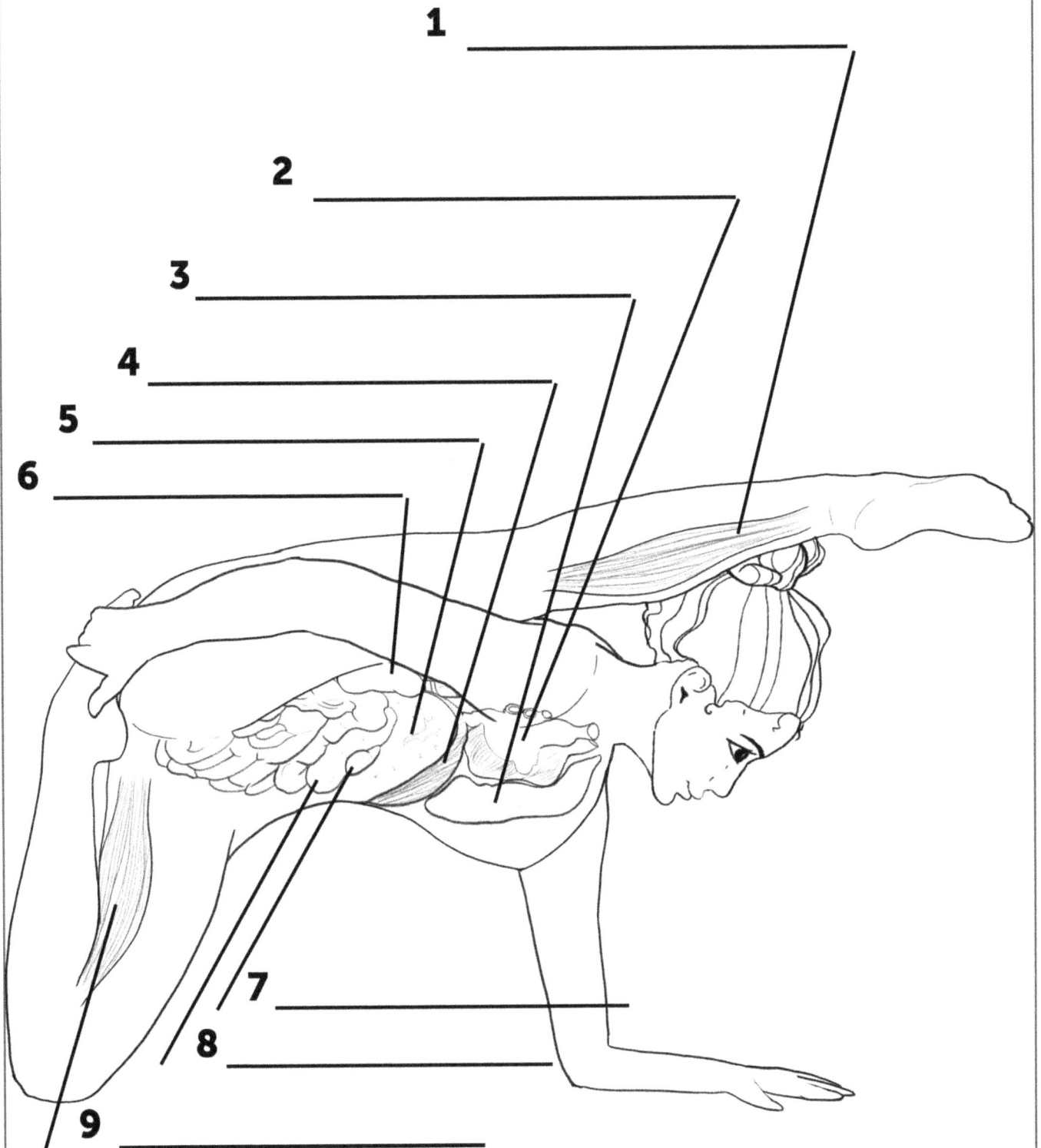

1 _____

2 _____

3 _____

4 _____

5 _____

6 _____

7 _____

8 _____

9 _____

22. LAGARTO DE EQUILIBRIO EXTENDIDO

1. GASTROCNEMIO
2. CORAZÓN
3. PULMONES
4. DIAFRAGMA
5. HÍGADO
6. RIÑÓN
7. VESÍCULA BILIAR
8. ESTÓMAGO
9. ISQUIOTIBIALES

23   KURMASANA

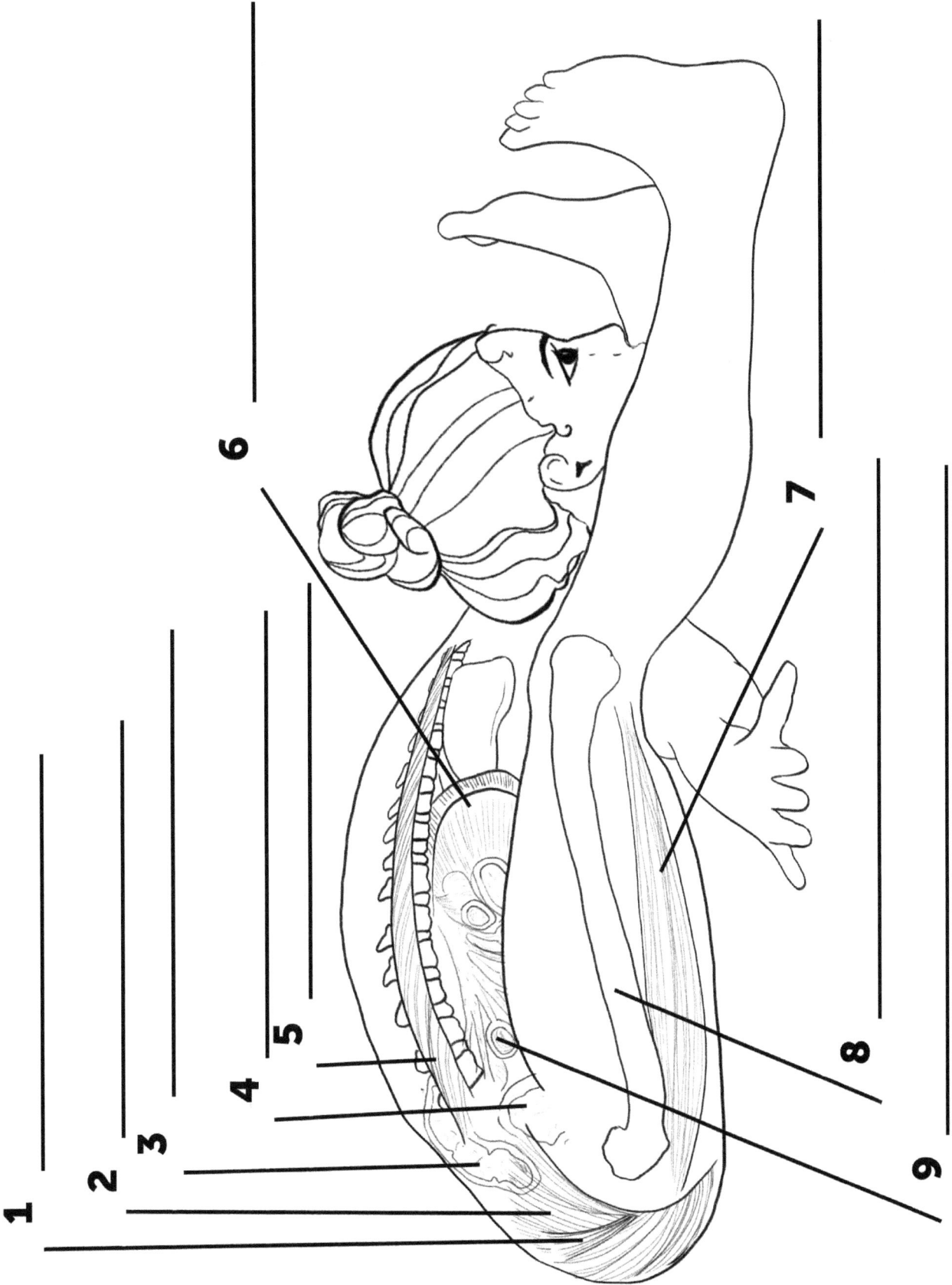

1

2

3

4

5

6

7

8

9

23 KURMASANA

1. PIRIFORME
2. MÚSCULO GLÚTEO MAYOR
3. RECTO
4. VEJIGA URINARIA
5. MÚSCULOS ESPINALES
6. DIAFRAGMA
7. ISQUIOTIBIALES
8. FÉMUR
9. FOLICULOS DE INTESTINO DELGADO

24. VIPARITA SALABHASANA

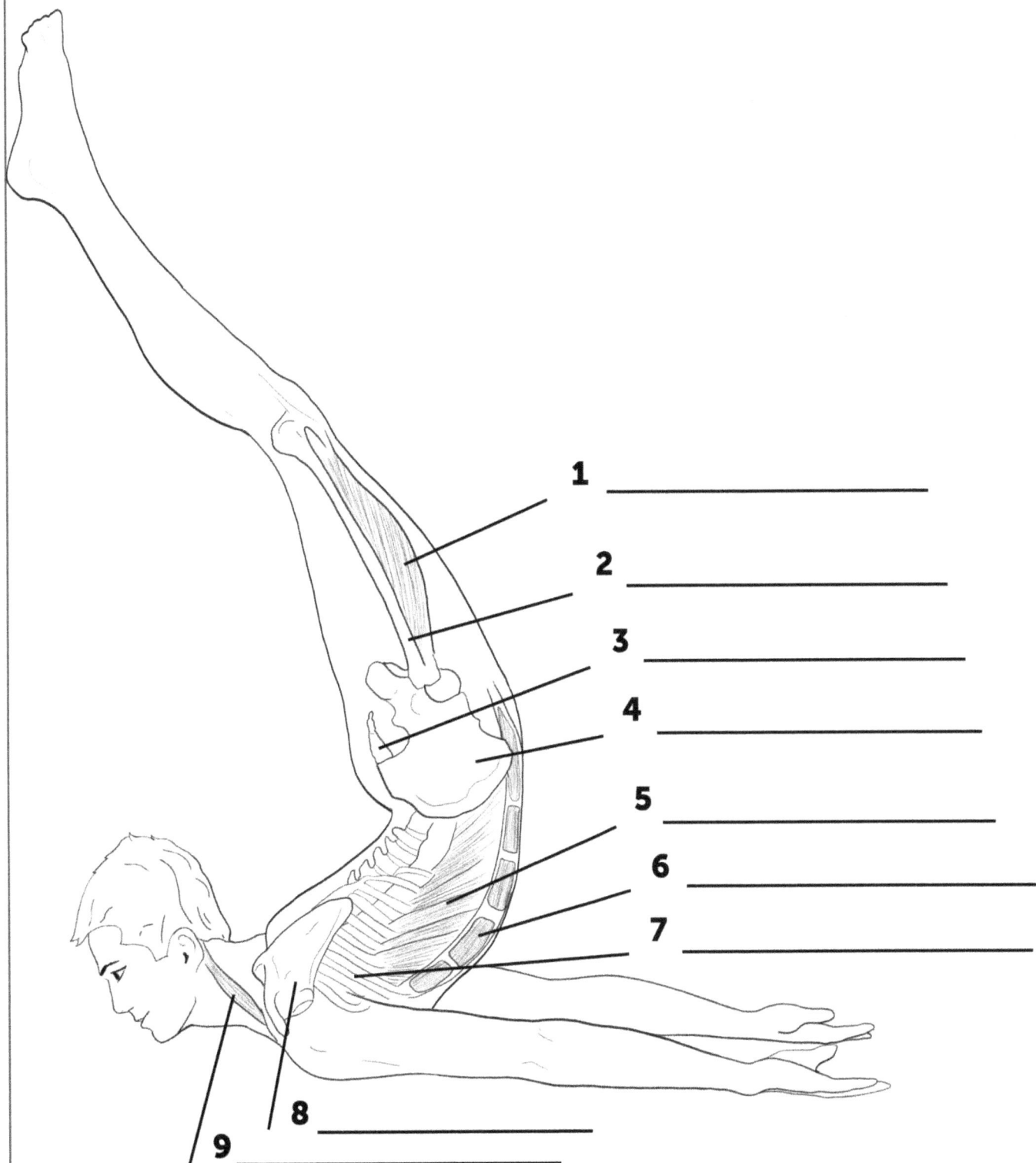

1 _____

2 _____

3 _____

4 _____

5 _____

6 _____

7 _____

8 _____

9 _____

24. VIPARITA SALABHASANA

1.	CUADRÍCEPS

2.	FÉMUR

3.	SACRO

4.	PELVIS

5.	OBLICUO EXTERNO

6.	RECTO ABDOMINAL

7.	COSTILLAS

8.	ESCÁPULA

9.	ESTERNOCLEIDOMASTOIDEO

25. YOGANIDRASANA

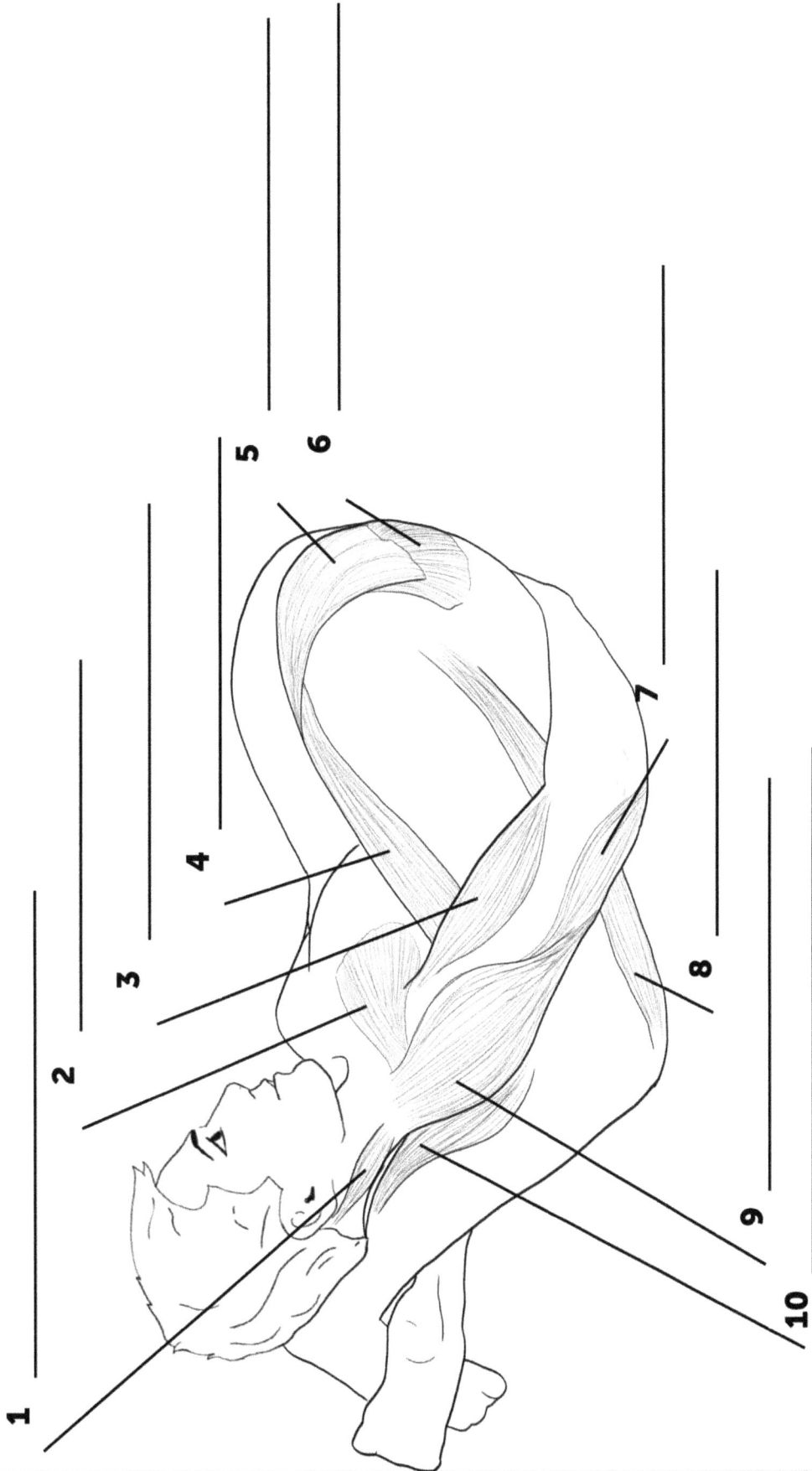

1

2

3

4

5

6

7

8

9

10

25. YOGANIDRASANA

1. ESTERNOCLEIDOMASTOIDEO
2. PECTORAL MAYOR
3. BÍCEPS BRAQUIAL
4. ISQUIOTIBIALES
5. MÚSCULO GLÚTEO MAYOR
6. GLÚTEO MEDIO
7. TRÍCEPS BRAQUIAL
8. CUADRÍCEPS
9. DELTOIDES
10. GASTROCNEMIO

26. POSTURA DE LA PALOMA

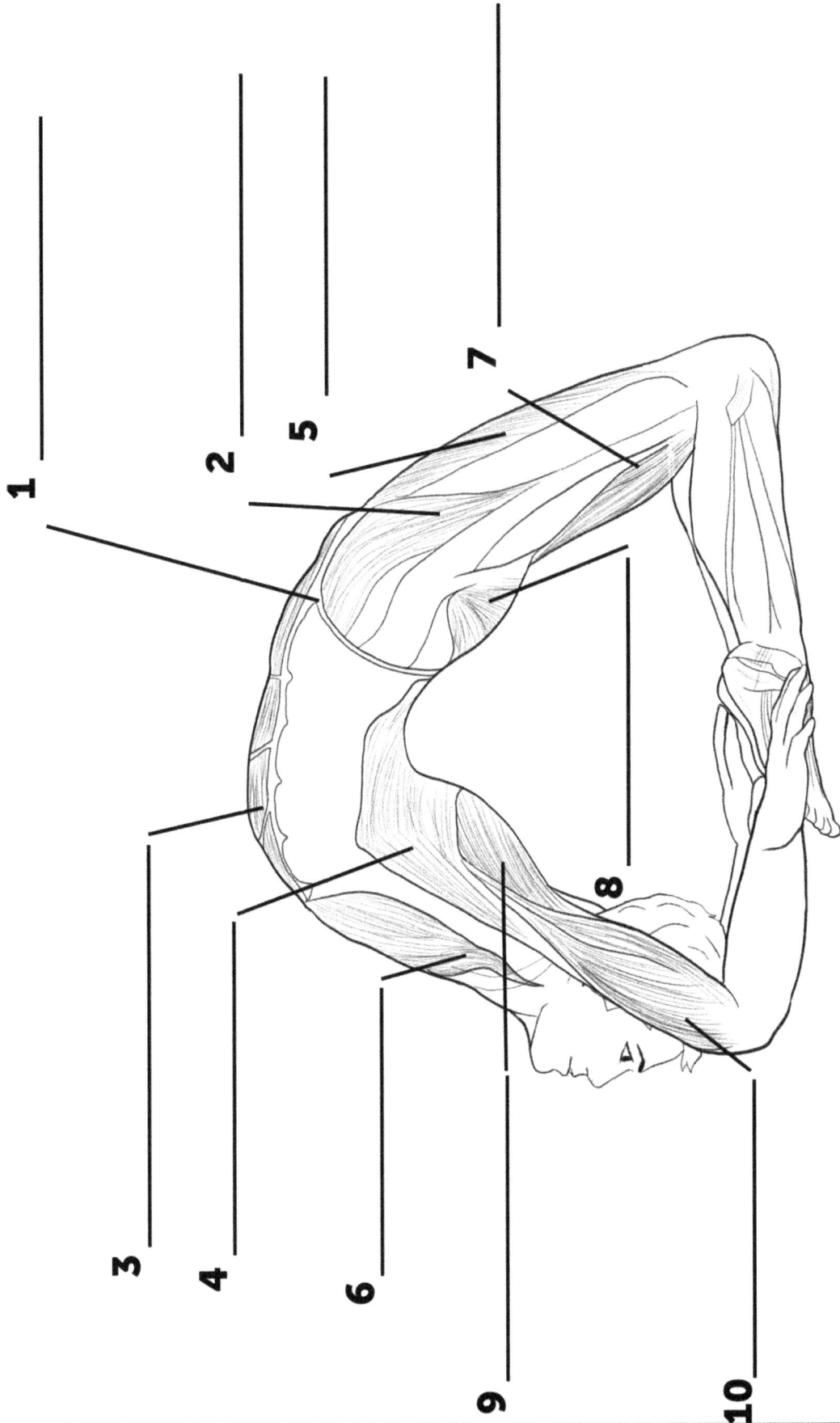

1

2

5

7

3

4

6

9

10

8

26. POSTURA DE LA PALOMA

1. ILIOPSOAS

2. MÚSCULO TENSOR DE LA FASCIA LATA

3. RECTO ABDOMINAL

4. LATISSIMUS DORSI

5. CUADRÍCEPS

6. PECTORAL MAYOR

7. ISQUIOTIBIALES

8. MÚSCULO GLÚTEO MAYOR

9. ERECTOR DE LA COLUMNA

10. TRÍCEPS BRAQUIAL

27. BADDHA KONA SIRSASANA

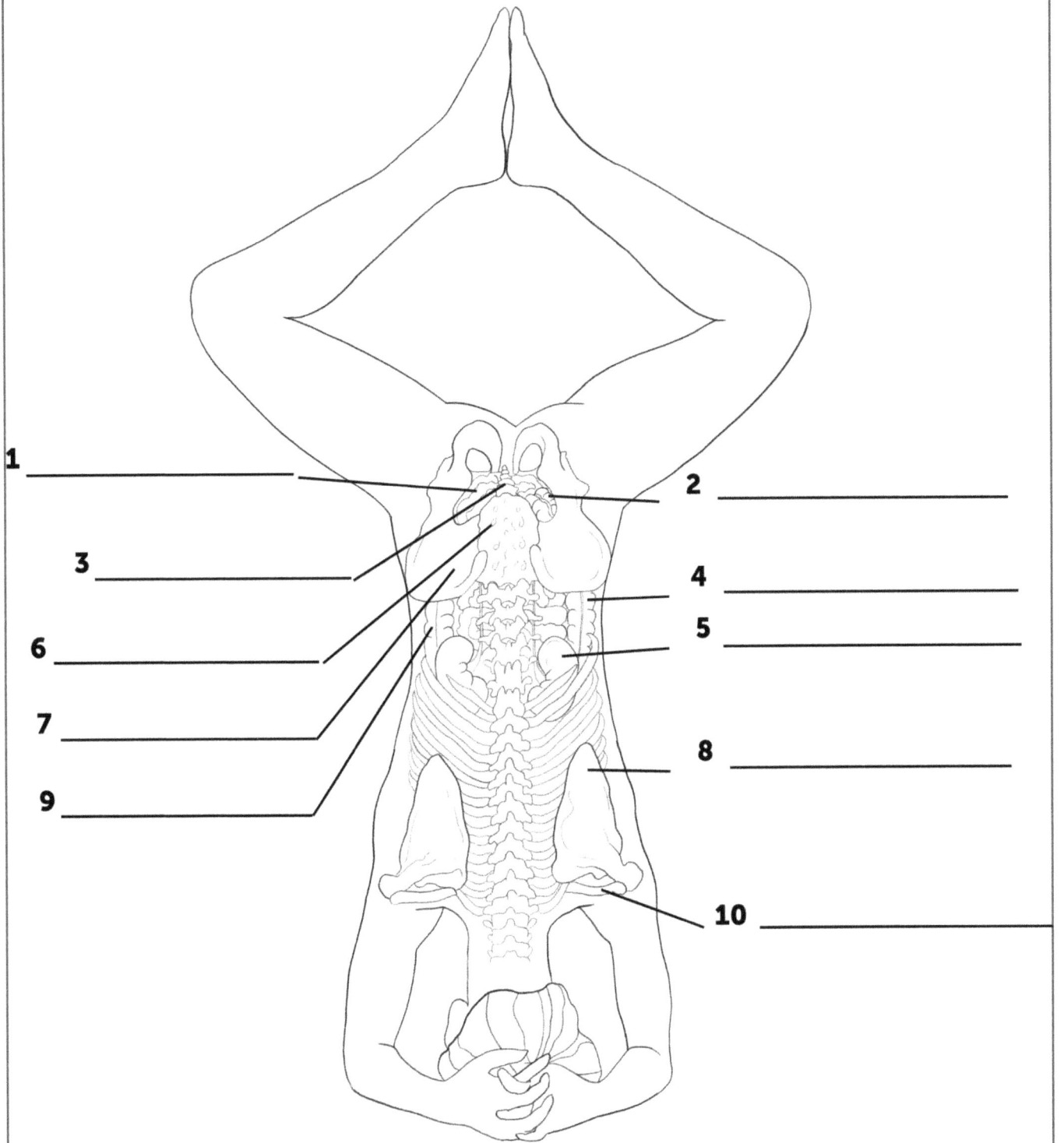

1 _____

2 _____

3 _____

4 _____

5 _____

6 _____

7 _____

8 _____

9 _____

10 _____

27. BADDHA KONA SIRSASANA

1.   FOLICULOS DE INTESTINO DELGADO

2.   SIGMOIDE

3.   COXIS

4.   COLON DESCENDENTE

5.   RIÑÓN

6.   SACRO

7.   PELVIS

8.   ESCÁPULA

9.   COLON ASCENDENTE

10.   CLAVÍCULA

28. VISVAMITRASANA II

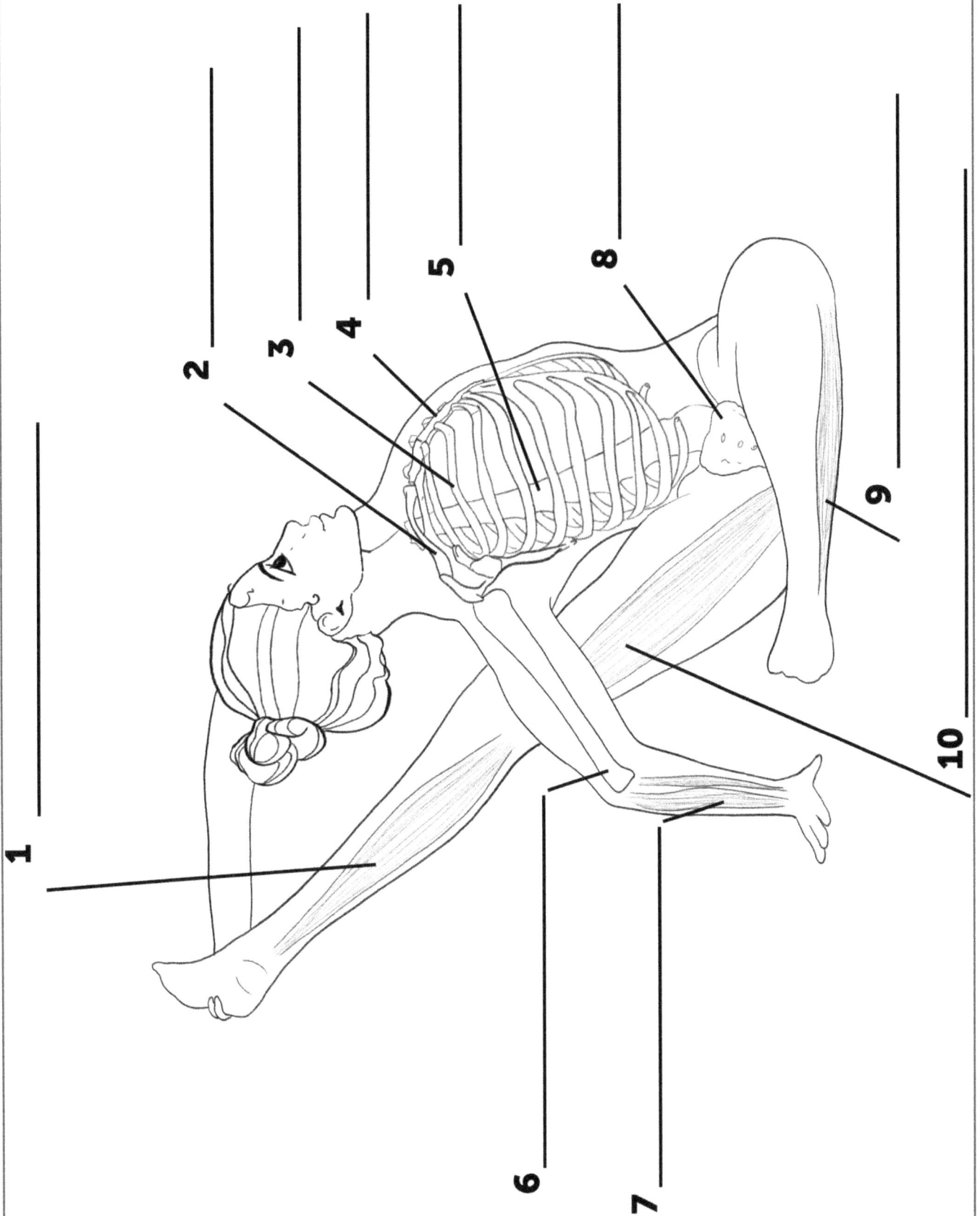

28. VISVAMITRASANA II

1. GASTROCNEMIO
2. CLAVÍCULA
3. COSTILLAS
4. ESTERNÓN
5. COLUMNA VERTEBRAL
6. HÚMERO
7. PRONADORES
8. SACRO
9. TIBIAL ANTERIOR
10. ISQUIOTIBIALES

29. POSTURA DE LOTO EN POSICIÓN DE HOMBRO

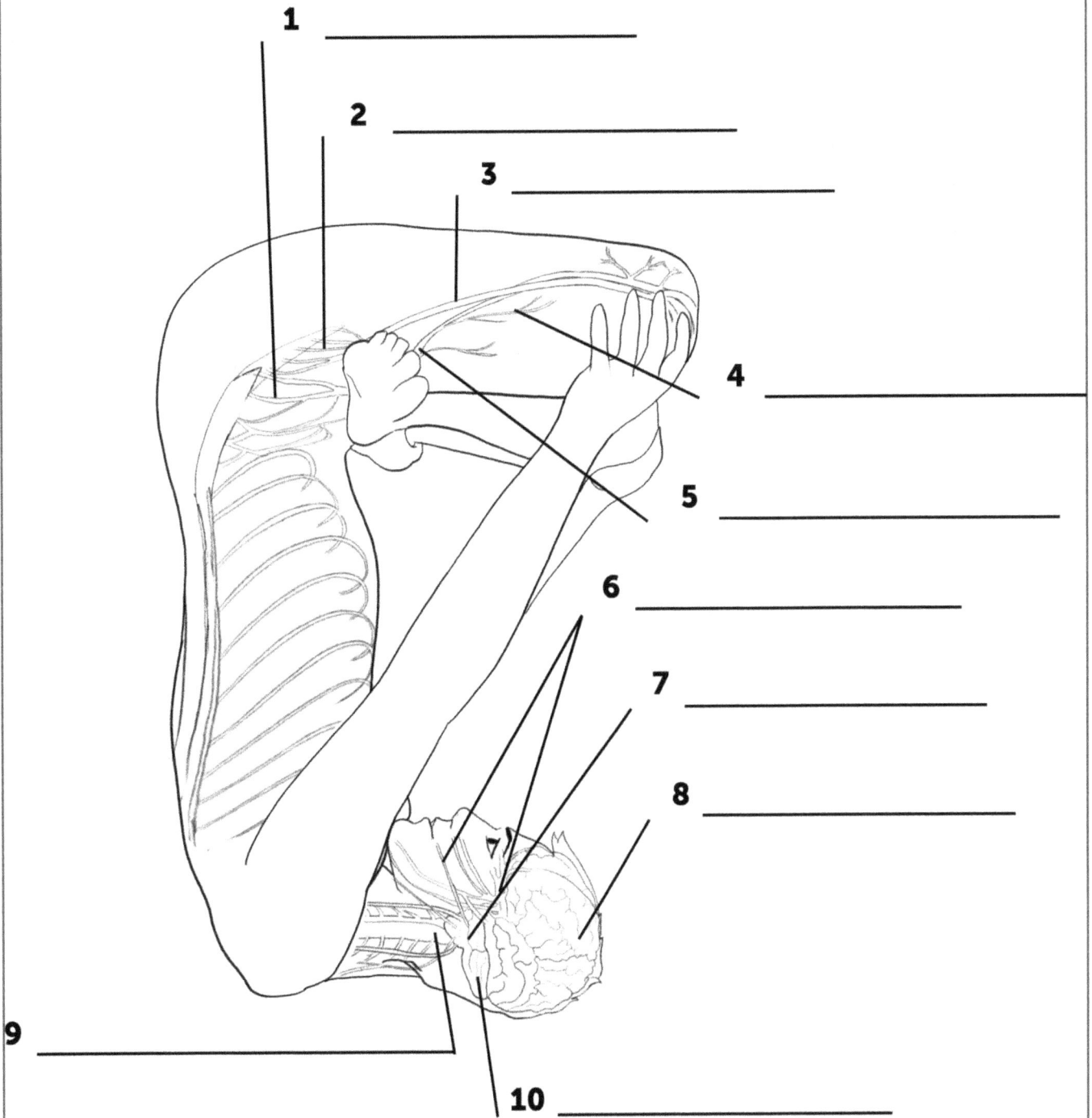

1 _____

2 _____

3 _____

4 _____

5 _____

6 _____

7 _____

8 _____

9 _____

10 _____

29. POSTURA DE LOTO EN POSICIÓN DE HOMBRO

1. PLEXO LUMBAR
2. PLEXO SACRO
3. CIÁTICO
4. RAMAS MUSCULARES DE FEMORAL
5. FEMORAL
6. NERVIOS CRANEALES
7. TRONCO ENCEFÁLICO
8. CEREBRO
9. MÉDULA ESPINAL
10. CEREBELO

30. POSTURA DE UNA RUEDA CON UNA PIERNA

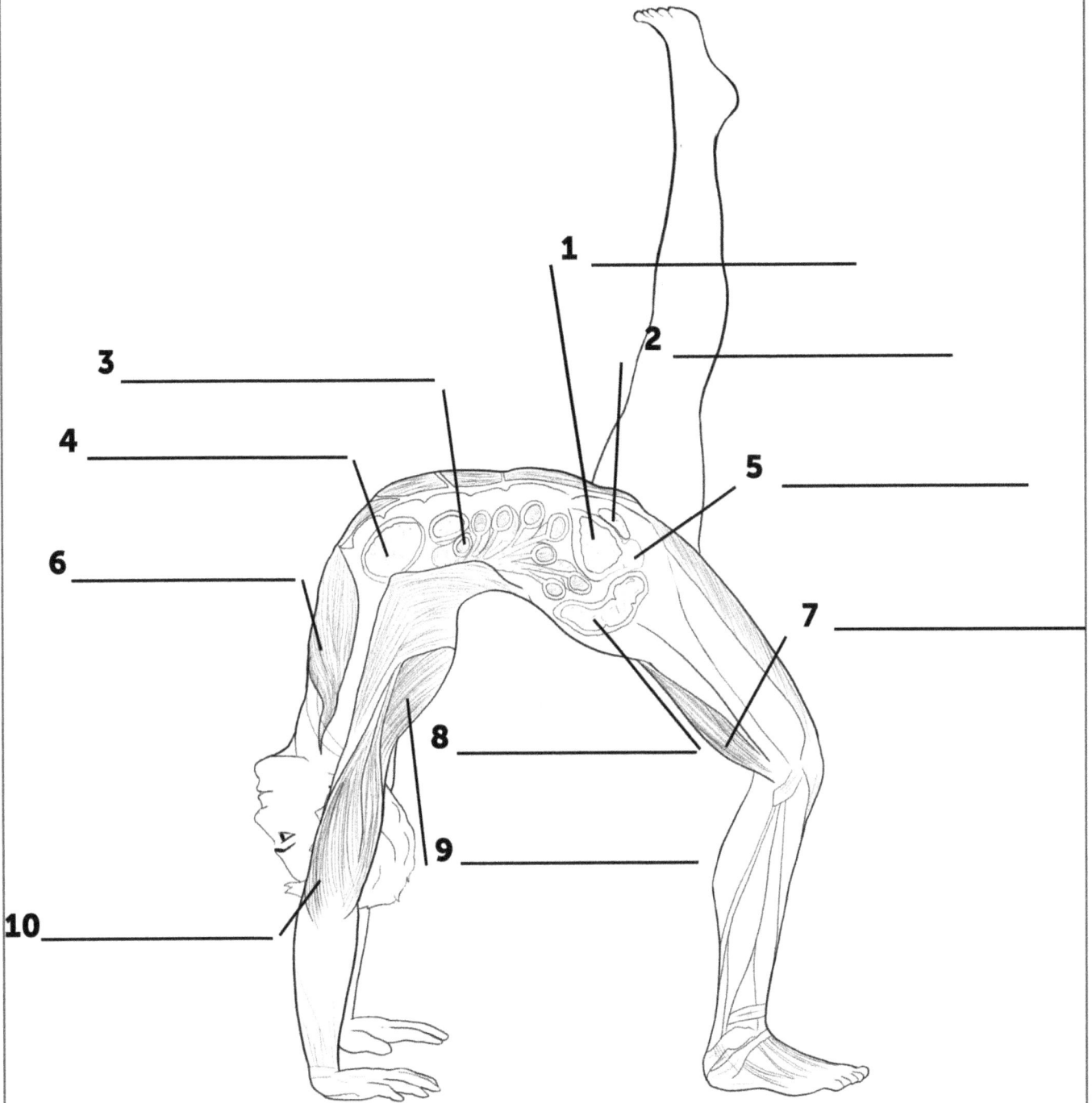

1 _____

2 _____

3 _____

4 _____

5 _____

6 _____

7 _____

8 _____

9 _____

10 _____

30. POSTURA DE UNA RUEDA CON UNA PIERNA

1.   VEJIGA URINARIA

2.   HUESO PÚBICO

3.   FOLICULOS DE INTESTINO DELGADO

4.   ESTÓMAGO

5.   PRÓSTATA

6.   PECTORAL MAYOR

7.   ISQUIOTIBIALES

8.   RECTO

9.   ERECTOR DE LA COLUMNA

10.   TRÍCEPS BRAQUIAL

31. EKA PADA SIRSASANA

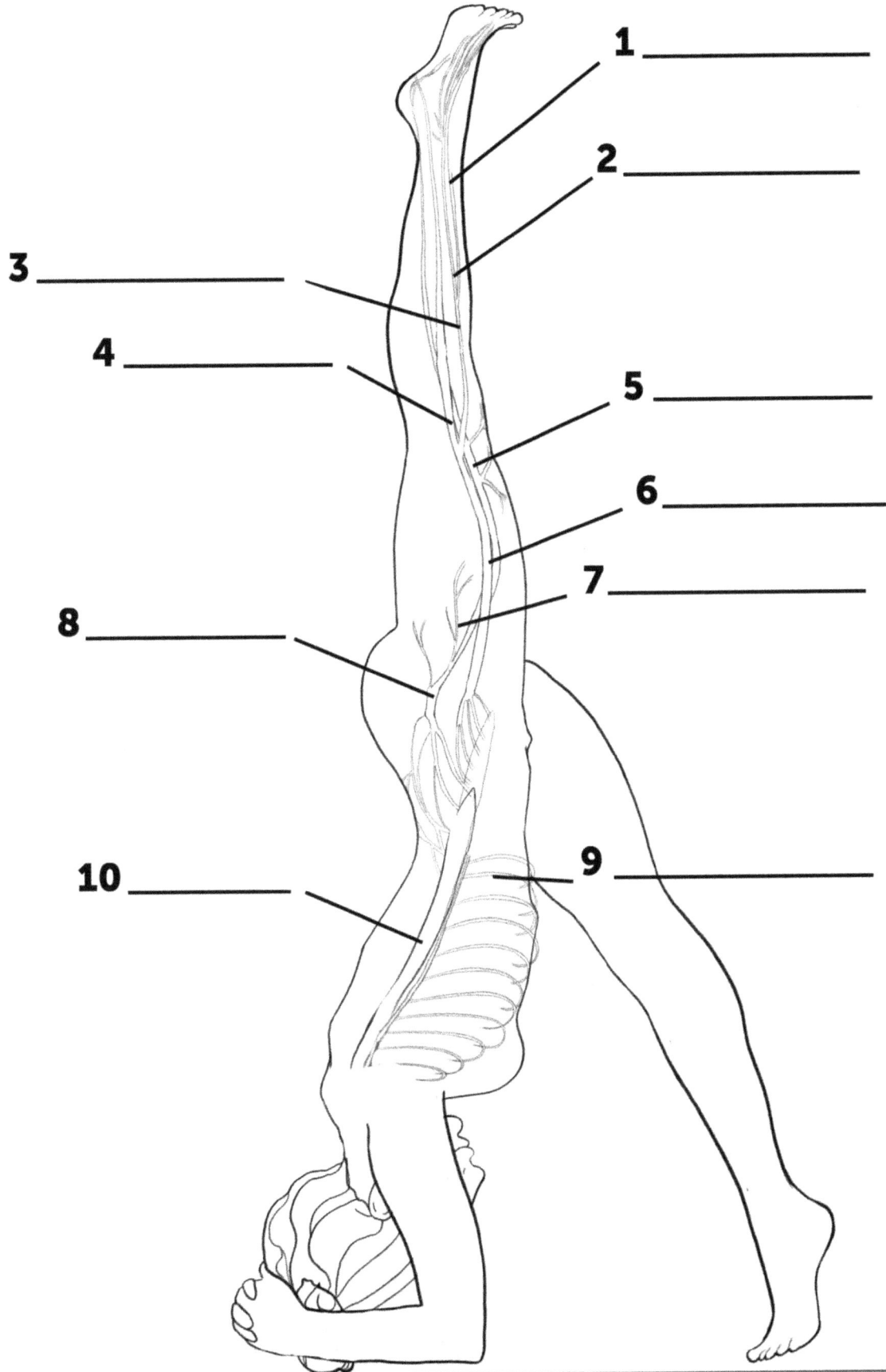

1 _____

2 _____

3 _____

4 _____

5 _____

6 _____

7 _____

8 _____

9 _____

10 _____

31. EKA PADA SIRSASANA

1. PERONEO SUPERFICIAL

2. PERONEO PROFUNDO

3. PERONEO COMÚN

4. TIBIAL

5. SAFENA

6. CIÁTICO

7. RAMAS MUSCULARES DE FEMORAL

8. FEMORAL

9. INTERCOSTALES

10. MÉDULA ESPINAL

32. SUPTA VISVAMITRASANA

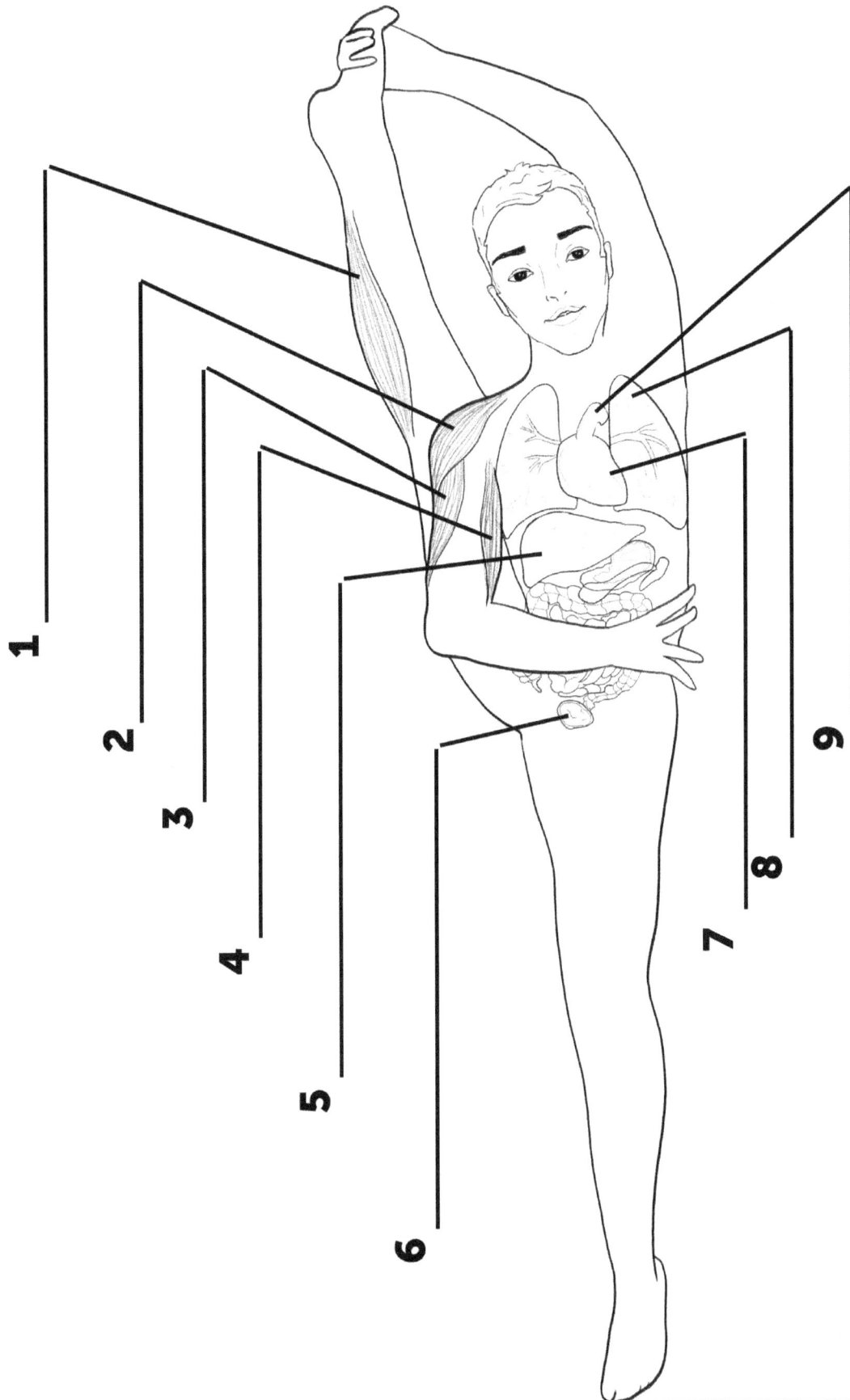

1

2

3

4

5

6

7

8

9

32. SUPTA VISVAMITRASANA

1. GASTROCNEMIO

2. DELTOIDES

3. TRÍCEPS BRAQUIAL

4. BÍCEPS BRAQUIAL

5. HÍGADO

6. VEJIGA URINARIA

7. CORAZÓN

8. PULMONES

9. AORTA

33. POSTURA DE FLEXIÓN HACIA ADELANTE MIRANDO HACIA ARRIBA

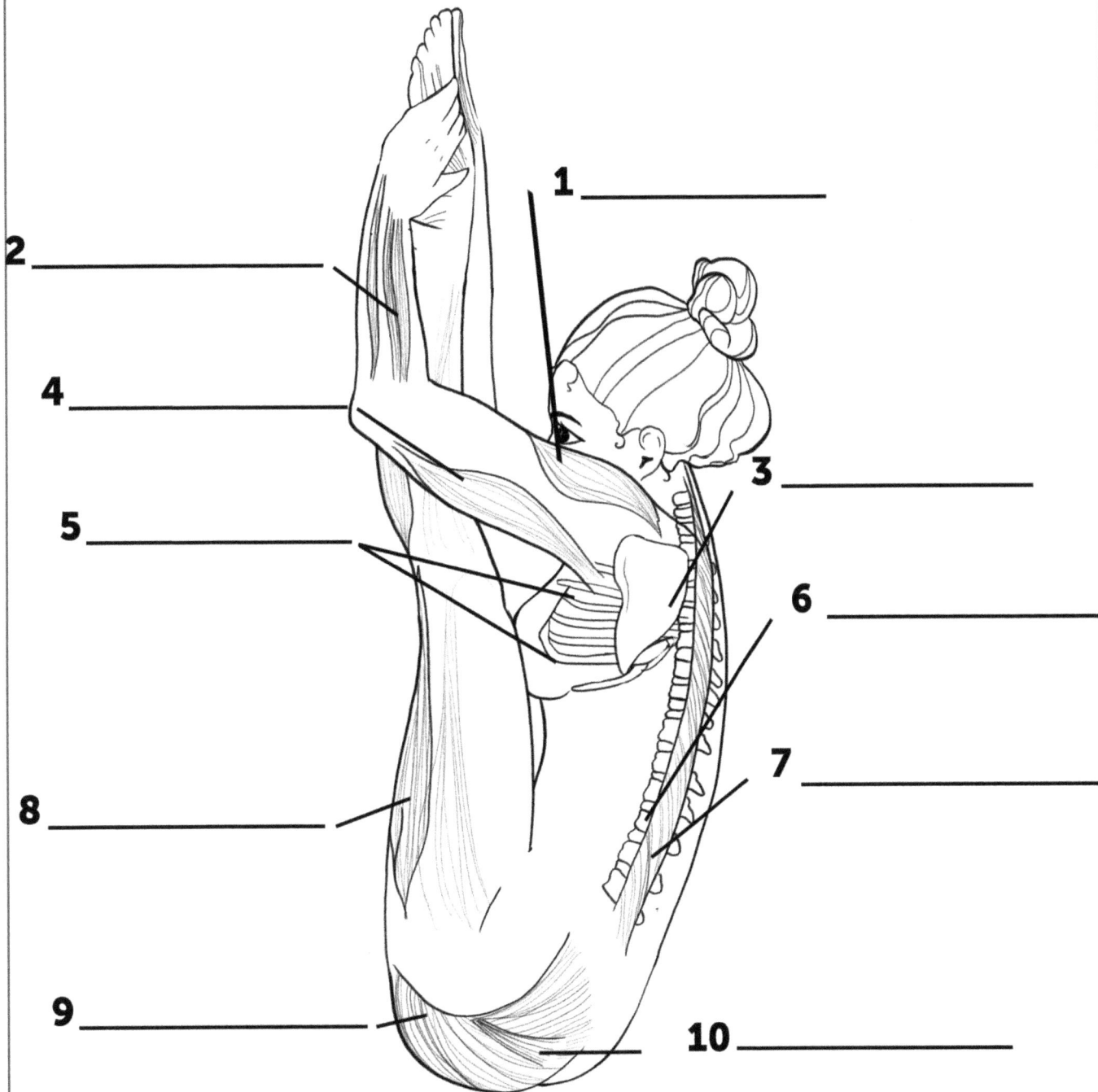

1 _____

2 _____

4 _____

5 _____

3 _____

6 _____

7 _____

8 _____

9 _____

10 _____

33. POSTURA DE FLEXIÓN HACIA ADELANTE MIRANDO HACIA ARRIBA

1. DELTOIDES
2. PRONADORES
3. ESCÁPULA
4. TRÍCEPS BRAQUIAL
5. COSTILLAS
6. COLUMNA VERTEBRAL
7. MÚSCULOS ESPINALES
8. ISQUIOTIBIALES
9. MÚSCULO GLÚTEO MAYOR
10. PIRIFORME

34. URDHVA UPAVISTHA KONASANA

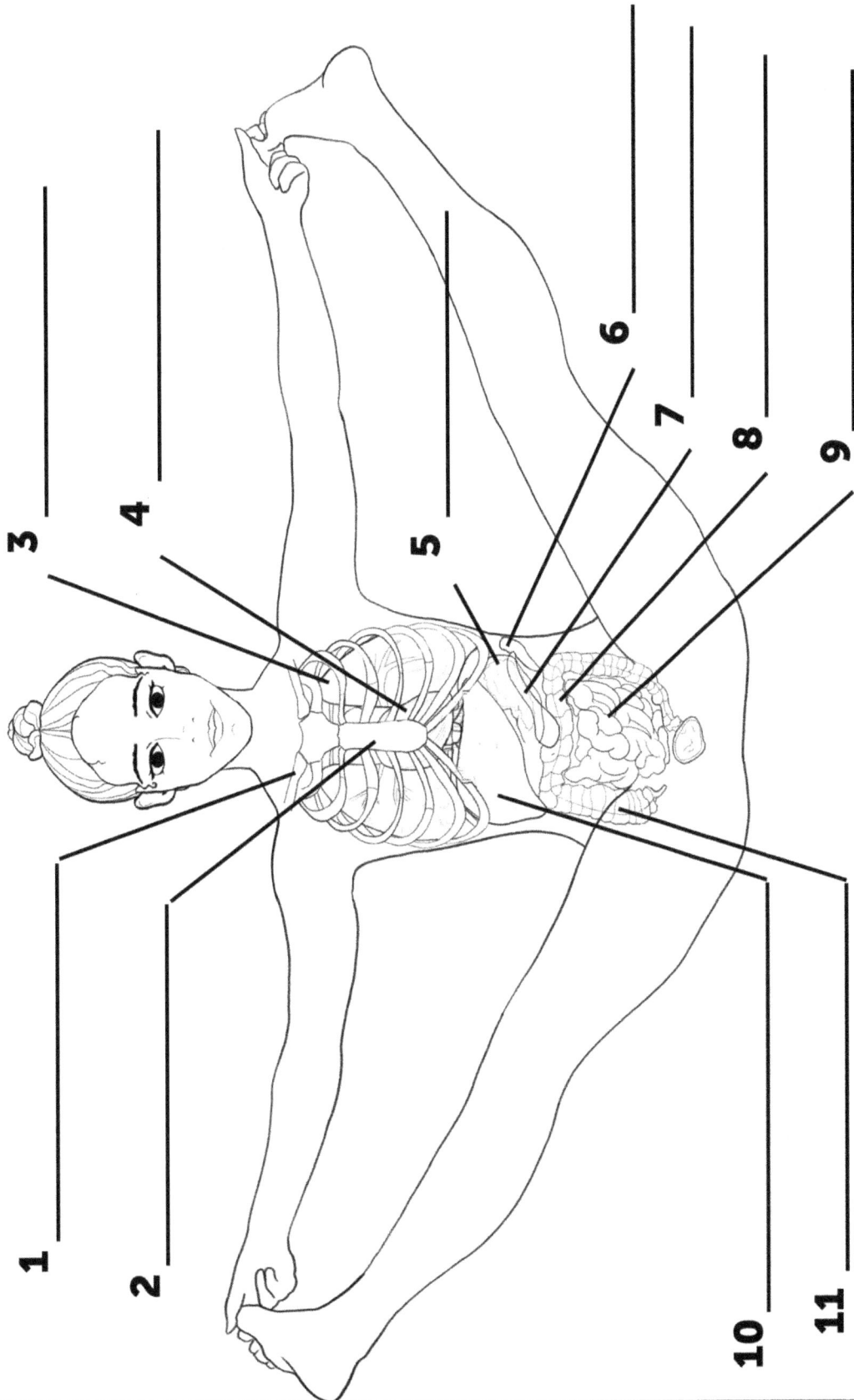

1

2

3

4

5

6

7

8

9

10

11

34. URDHVA UPAVISTHA KONASANA

1.   CLAVÍCULA
2.   ESTERNÓN
3.   PULMONES
4.   CORAZÓN
5.   ESTÓMAGO
6.   BAZO
7.   PÁNCREAS
8.   COLON TRANSVERSO
9.   FOLICULOS DE INTESTINO DELGADO
10. HÍGADO
11. COLON ASCENDENTE

35   VISVAMITRASANA

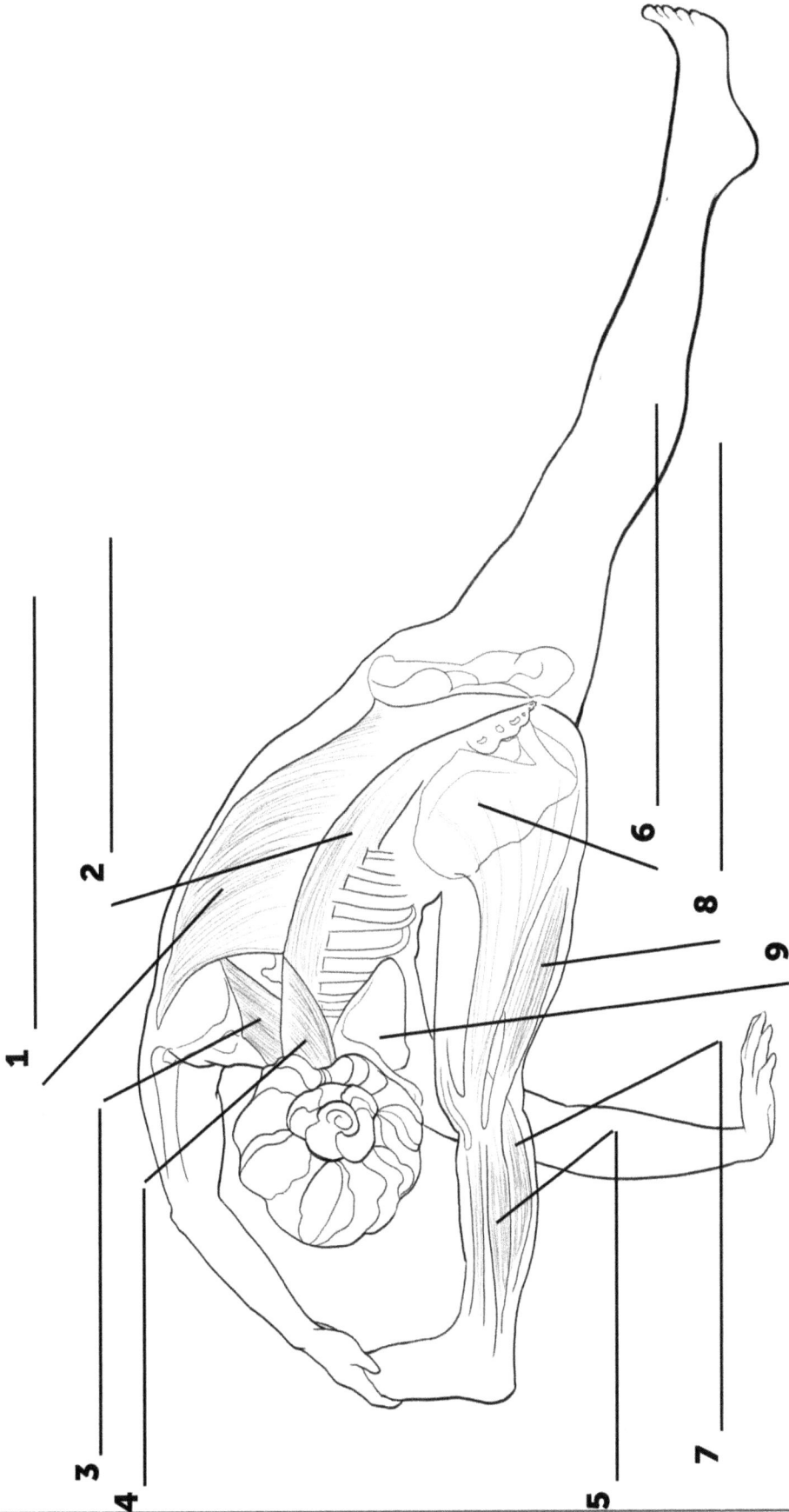

35   VISVAMITRASANA

1. LATISSIMUS DORSI
2. ERECTOR DE LA COLUMNA
3. ROMBOIDES
4. TRAPECIO
5. SÓLEO
6. PELVIS
7. GASTROCNEMIO
8. ISQUIOTIBIALES
9. ESCÁPULA

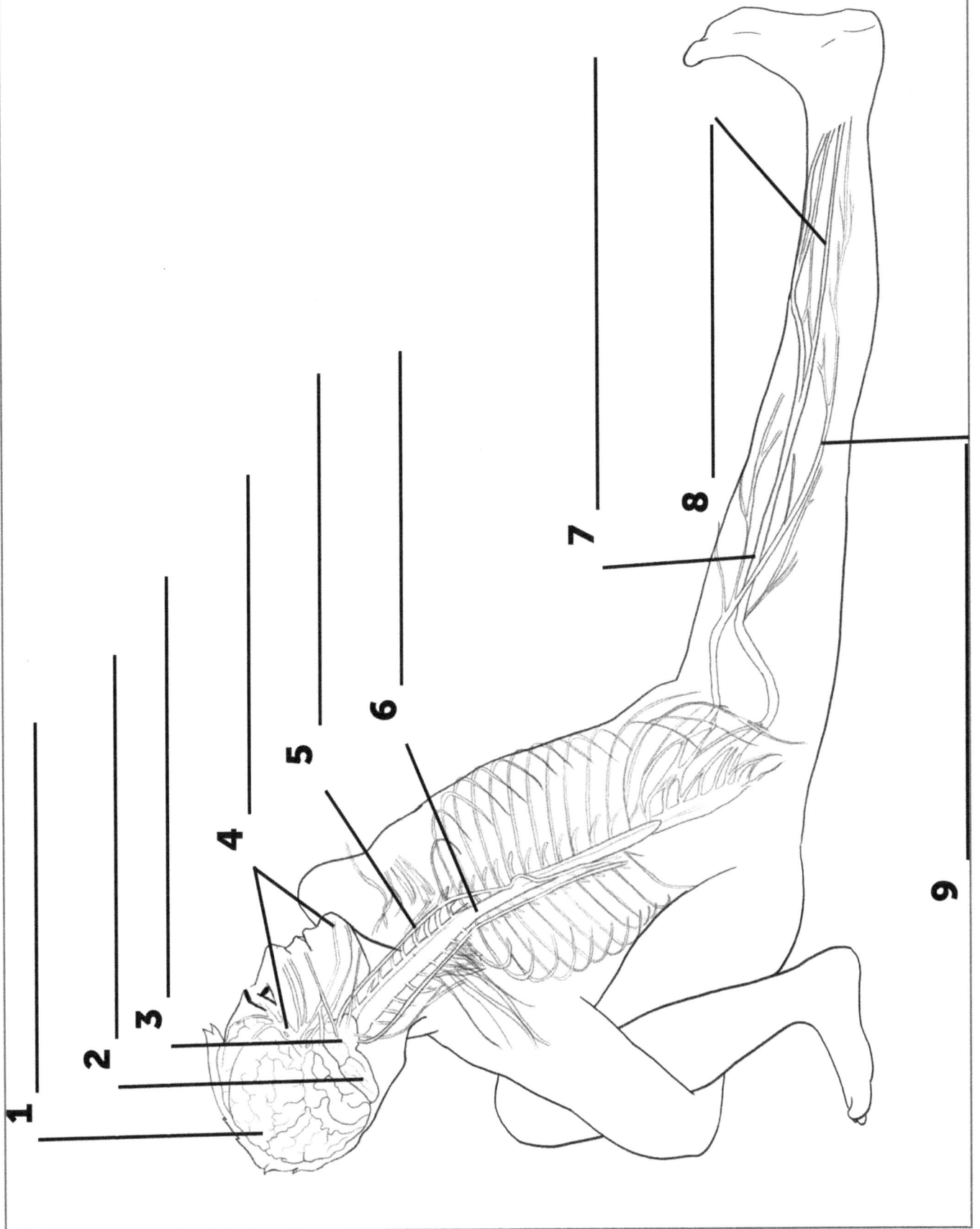

1

2

3

4

5

6

7

8

9

1. CEREBRO

2. CEREBELO

3. TRONCO ENCEFÁLICO

4. NERVIOS CRANEALES

5. NERVIO VAGO

6. MÉDULA ESPINAL

7. CIÁTICO

8. TIBIAL

9. SAFENA

37. BHAKTI VIRABHADRASANA

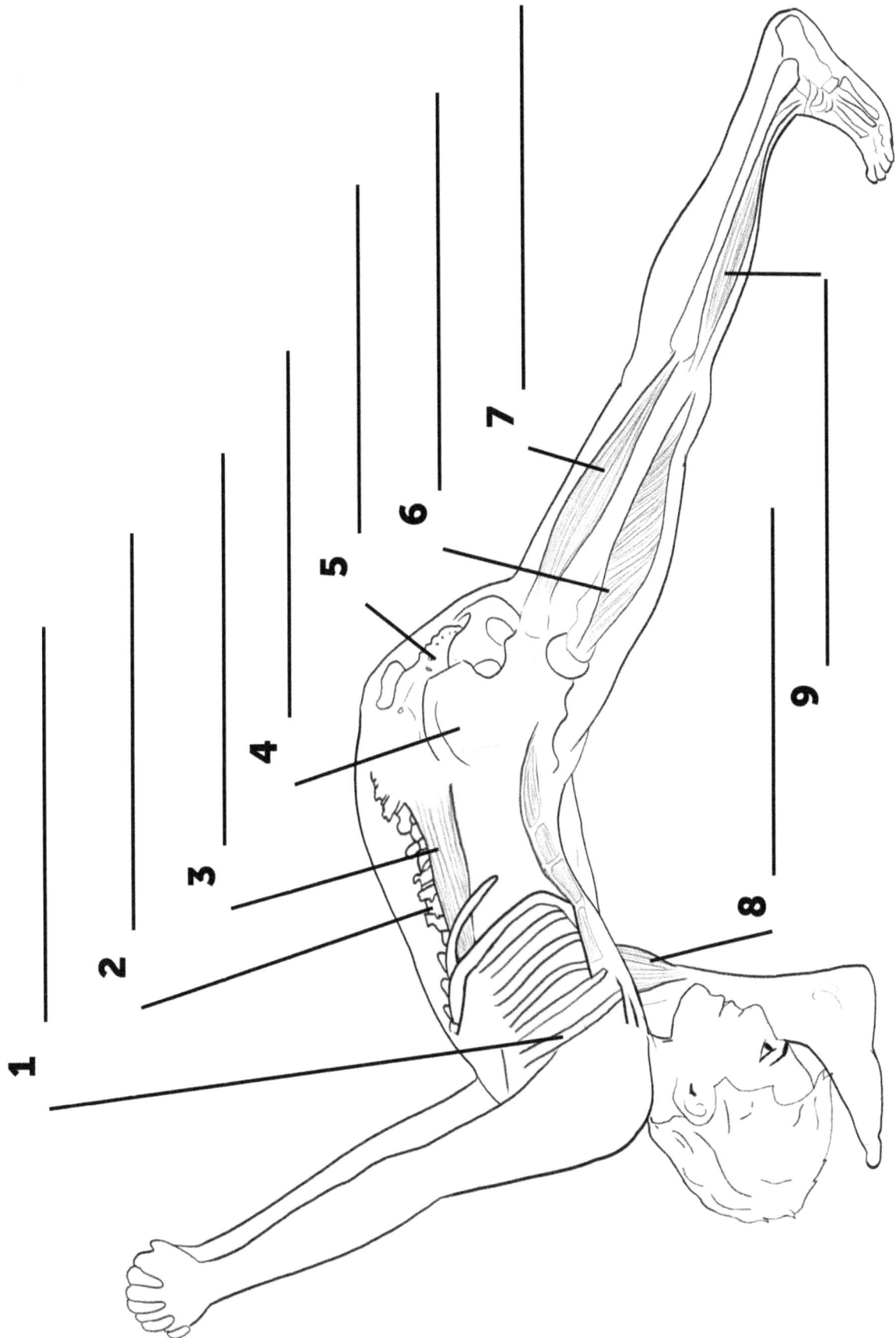

37. BHAKTI VIRABHADRASANA

1. COSTILLAS

2. COLUMNA VERTEBRAL

3. ERECTOR DE LA COLUMNA

4. PELVIS

5. SACRO

6. CUADRÍCEPS

7. ISQUIOTIBIALES

8. GASTROCNEMIO

9. TIBIAL ANTERIOR

38. BADDHA UTTHAN PRISTHASANA

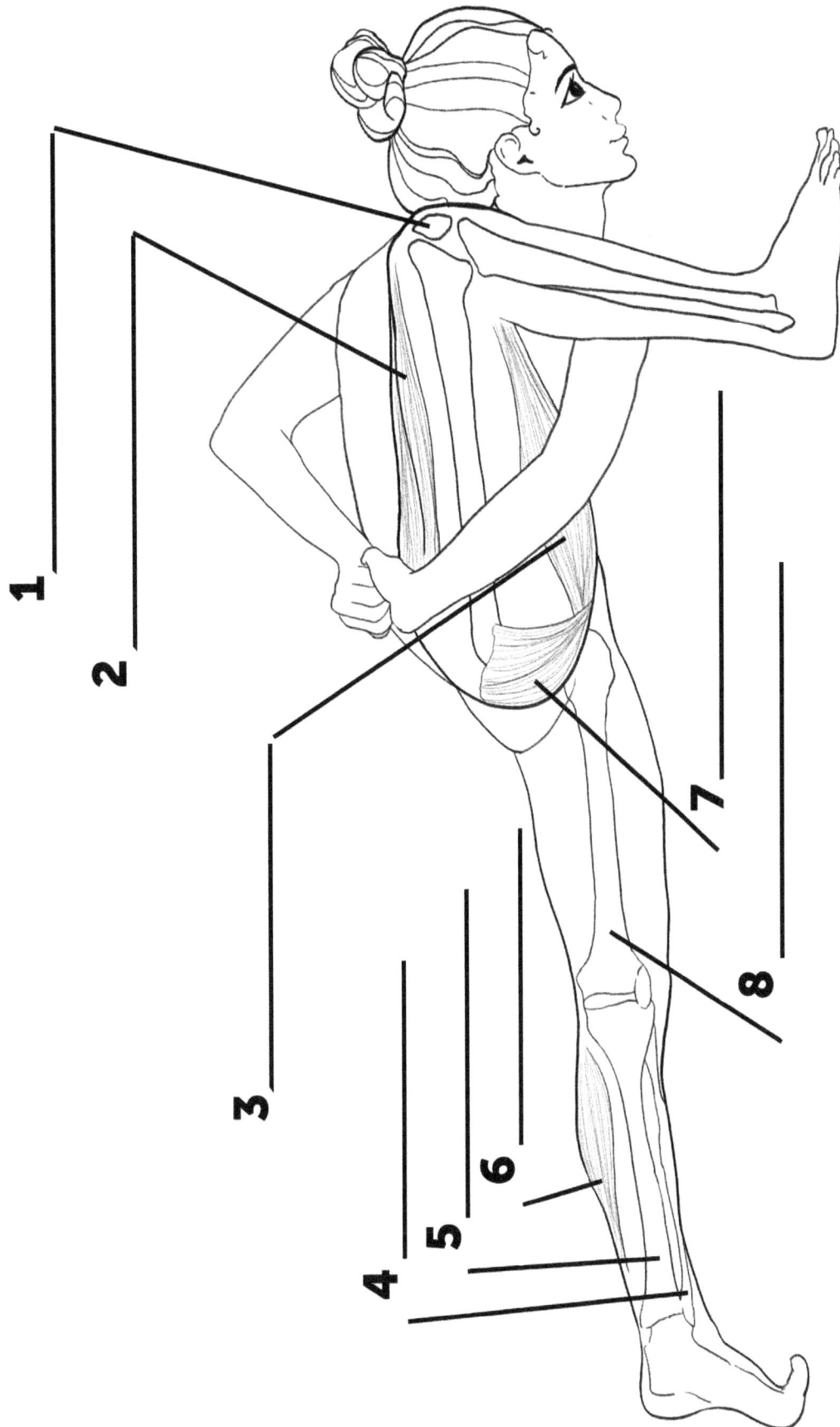

1

2

3

4

5

6

7

8

38. BADDHA UTTHAN PRISTHASANA

1.   RÓTULA

2.   CUADRÍCEPS

3.   ISQUIOTIBIALES

4.   PERONÉ

5.   TIBIA

6.   GASTROCNEMIO

7.   MÚSCULO GLÚTEO MAYOR

8.   FÉMUR

39. URDHVA PRASARITA EKA PADASANA

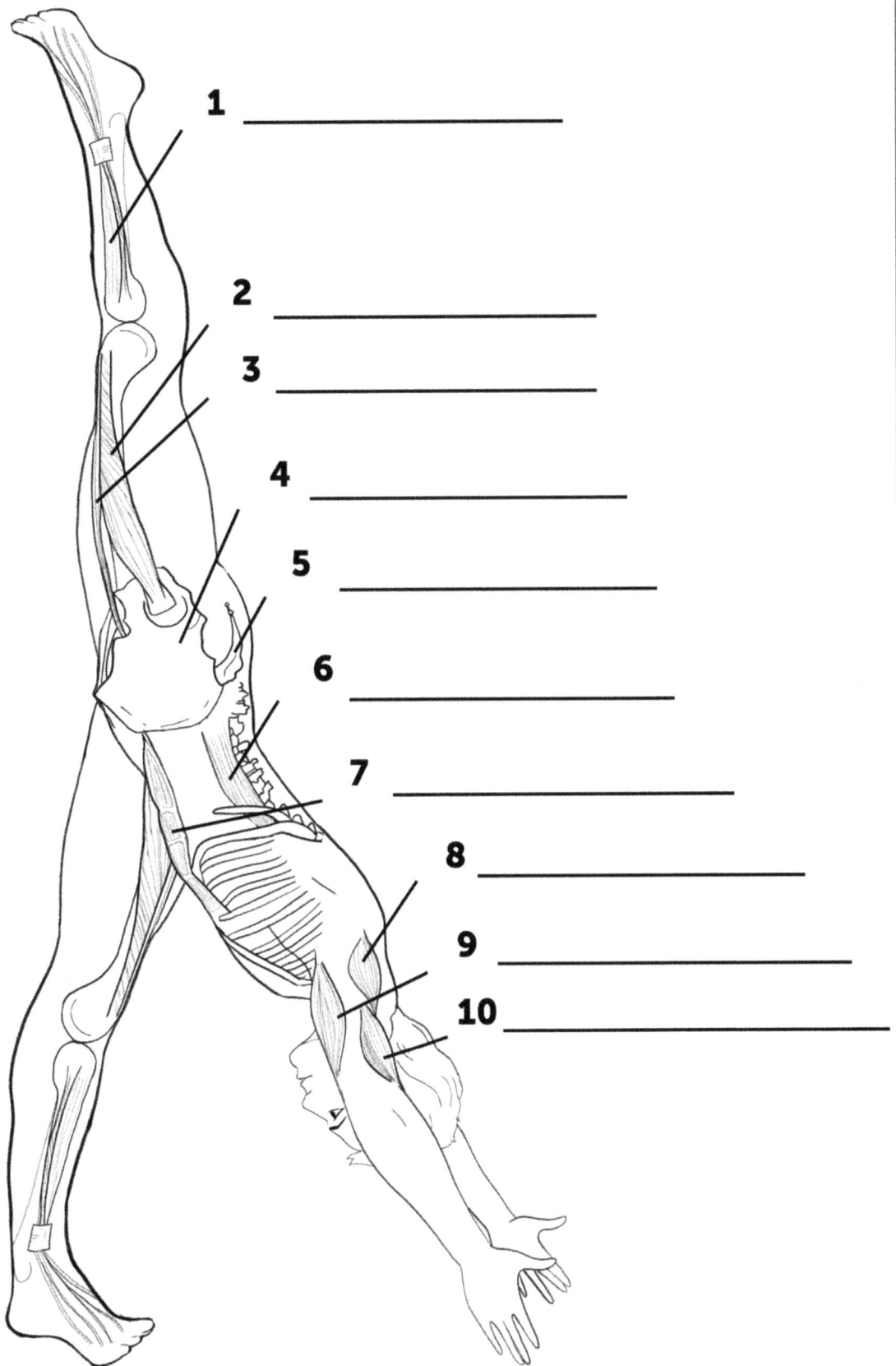

1 _____

2 _____

3 _____

4 _____

5 _____

6 _____

7 _____

8 _____

9 _____

10 _____

39. URDHVA PRASARITA EKA PADASANA

1. TIBIAL ANTERIOR
2. RECTO FEMORAL
3. SARTORIO
4. PELVIS
5. SACRO
6. ERECTOR DE LA COLUMNA
7. RECTO ABDOMINAL
8. DELTOIDES
9. BÍCEPS BRAQUIAL
10. TRÍCEPS BRAQUIAL

40. VIRABHADRASANA III

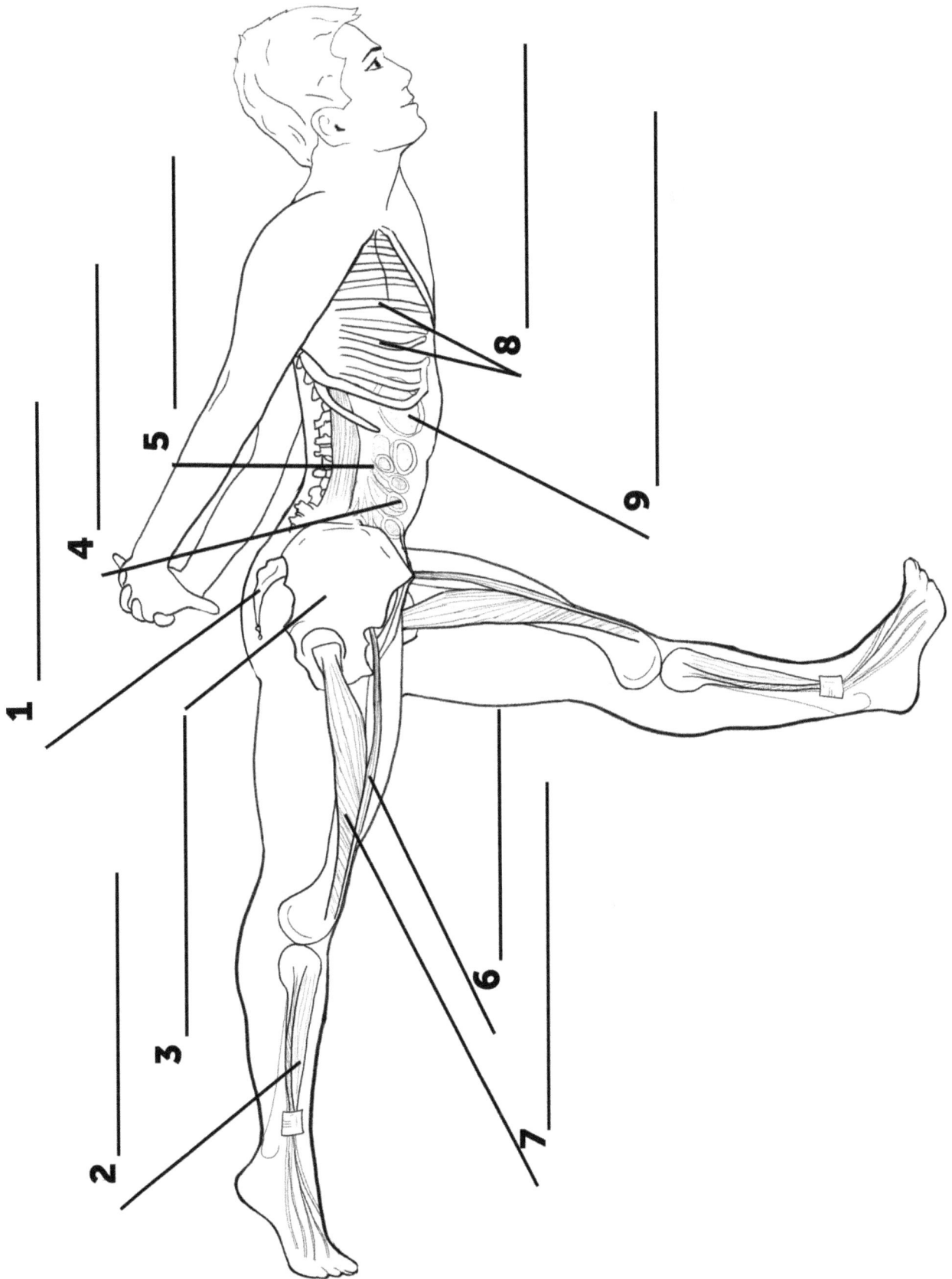

1

2

3

4

5

6

7

8

9

40. VIRABHADRASANA III

1. SACRO
2. TIBIAL ANTERIOR
3. PELVIS
4. FOLICULOS DE INTESTINO DELGADO
5. MESENTERIO DEL INTESTINO DELGADO
6. SARTORIO
7. RECTO FEMORAL
8. COSTILLAS
9. ESTÓMAGO

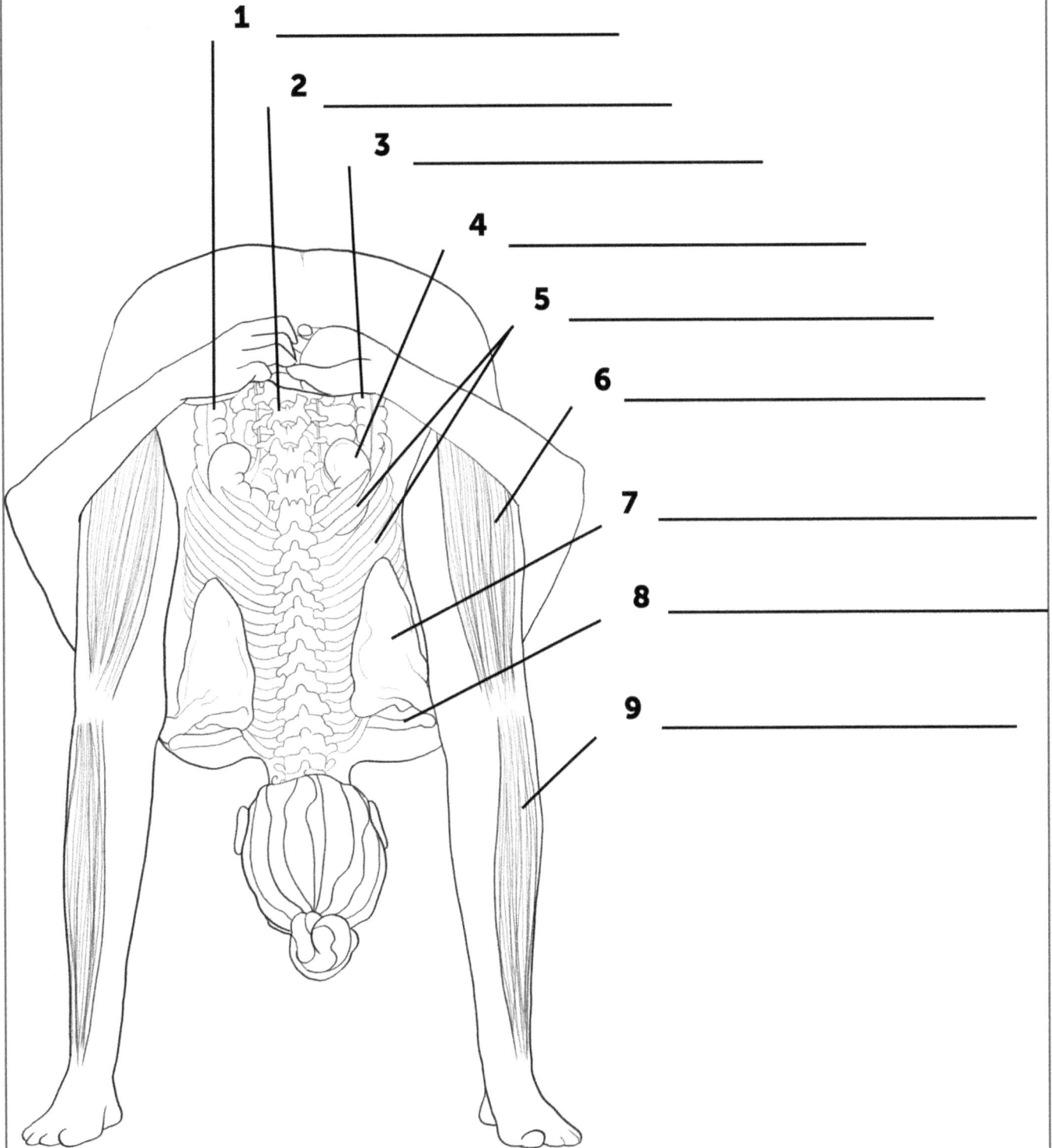

PLIEGUE HACIA ADELANTE OBLIGADO

1 _____

2 _____

3 _____

4 _____

5 _____

6 _____

7 _____

8 _____

9 _____

41   PLIEGUE HACIA ADELANTE OBLIGADO

1.   COLON ASCENDENTE

2.   COLUMNA VERTEBRAL

3.   COLON DESCENDENTE

4.   RIÑÓN

5.   COSTILLAS

6.   CUADRÍCEPS

7.   ESCÁPULA

8.   CLAVÍCULA

9.   TIBIAL ANTERIOR

42   UTTāNāSANA

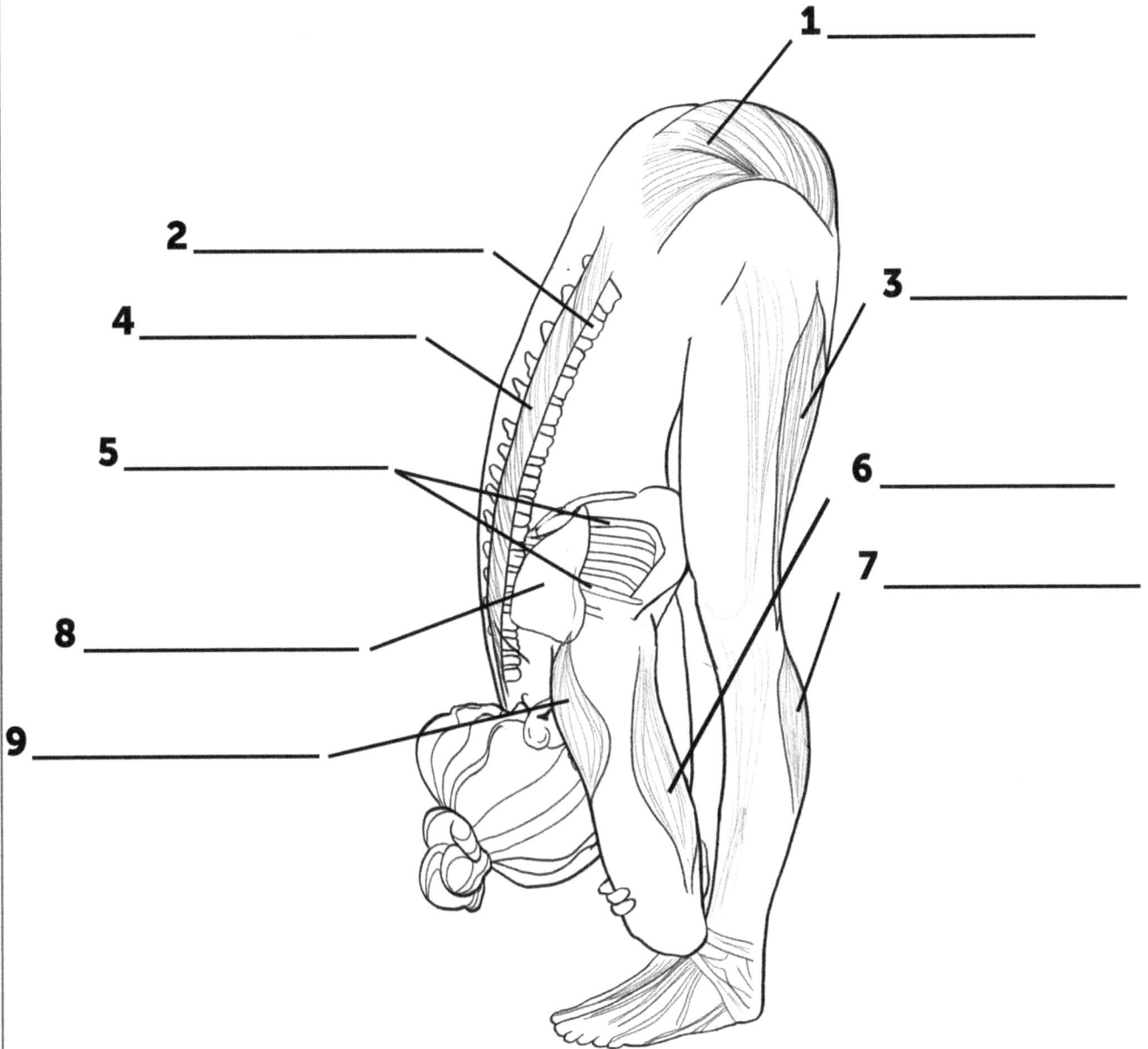

1 _____

2 _____

4 _____

3 _____

5 _____

6 _____

7 _____

8 _____

9 _____

42   UTTāNāSANA

1.   PIRIFORME

2.   COLUMNA VERTEBRAL

3.   ISQUIOTIBIALES

4.   MÚSCULOS ESPINALES

5.   COSTILLAS

6.   TRÍCEPS BRAQUIAL

7.   GASTROCNEMIO

8.   ESCÁPULA

9.   DELTOIDES

43. POSTURA DE MEDIA PALOMA DESCANSADA

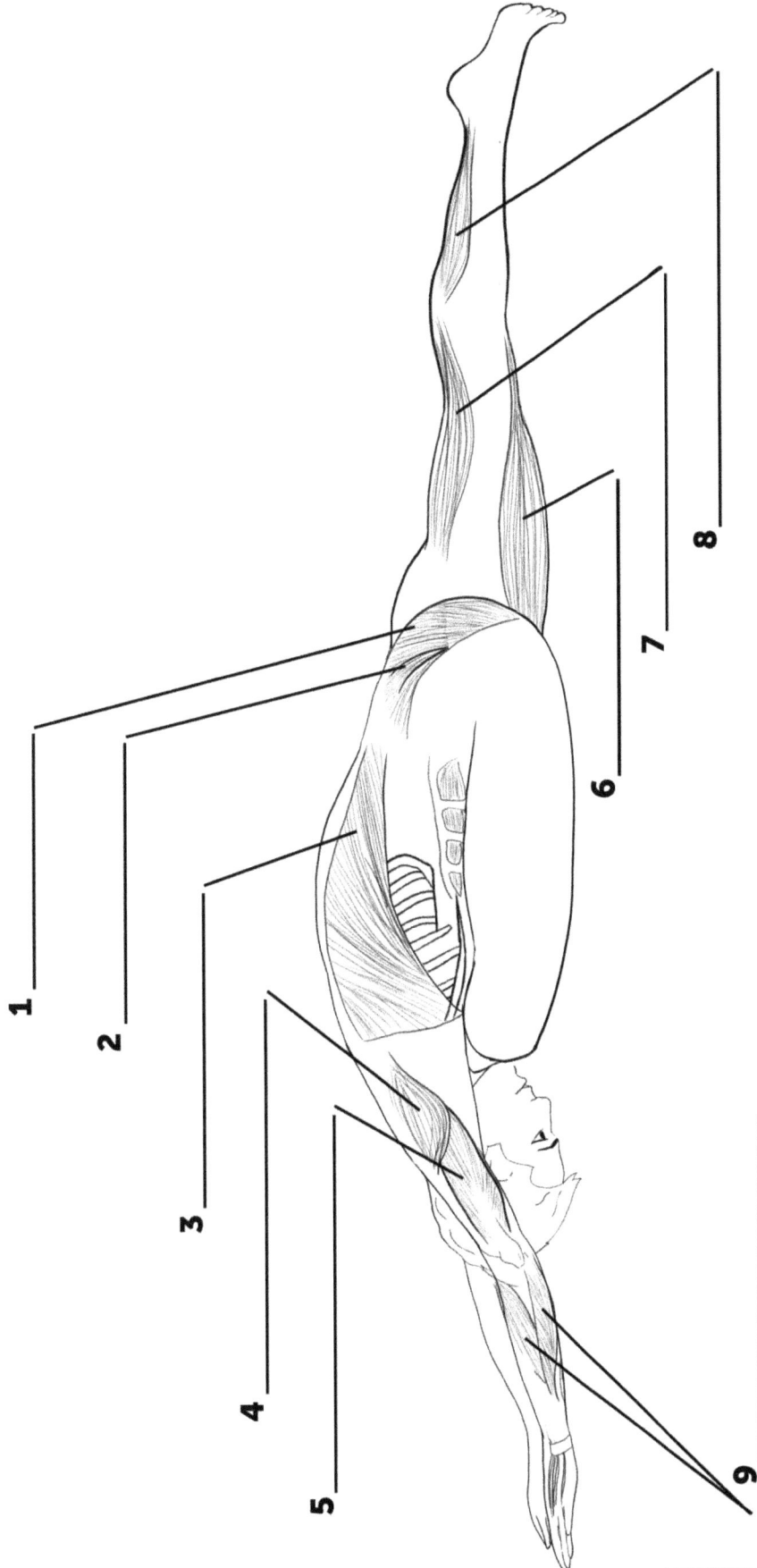

1

2

3

4

5

6

7

8

9

43. POSTURA DE MEDIA PALOMA DESCANSADA

1. MÚSCULO GLÚTEO MAYOR

2. PIRIFORME

3. LATISSIMUS DORSI

4. DELTOIDES

5. TRÍCEPS BRAQUIAL

6. CUADRÍCEPS

7. ISQUIOTIBIALES

8. GASTROCNEMIO

9. PRONADORES

44. EKA PADA ARDHA PURVOTTANASANA

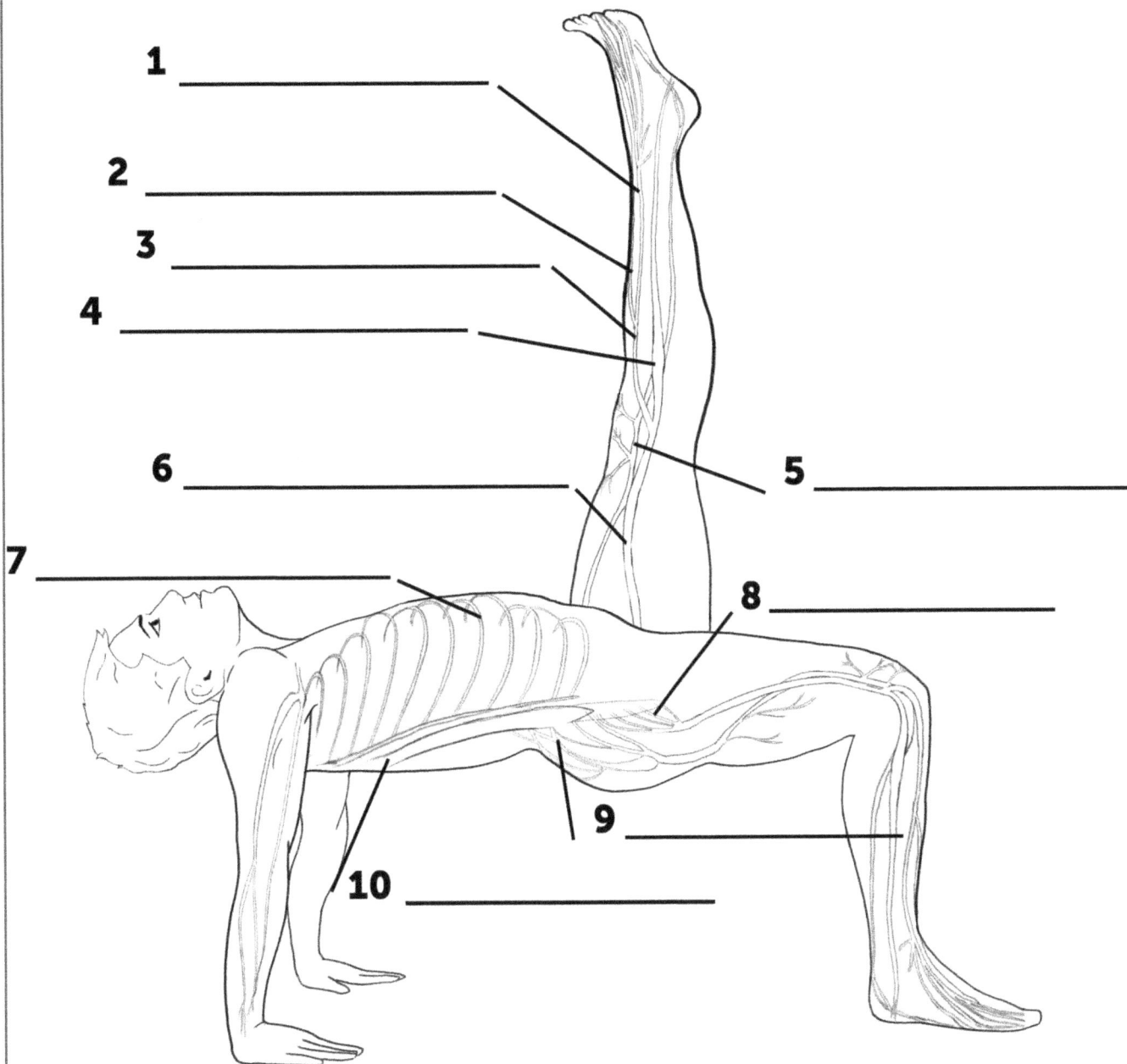

1 _____

2 _____

3 _____

4 _____

5 _____

6 _____

7 _____

8 _____

9 _____

10 _____

44. EKA PADA ARDHA PURVOTTANASANA

1. PERONEO PROFUNDO
2. PERONEO SUPERFICIAL
3. PERONEO COMÚN
4. TIBIAL
5. SAFENA
6. CIÁTICO
7. INTERCOSTALES
8. PLEXO SACRO
9. PLEXO LUMBAR
10. MÉDULA ESPINAL

45. EKA PADA BAKASANA II

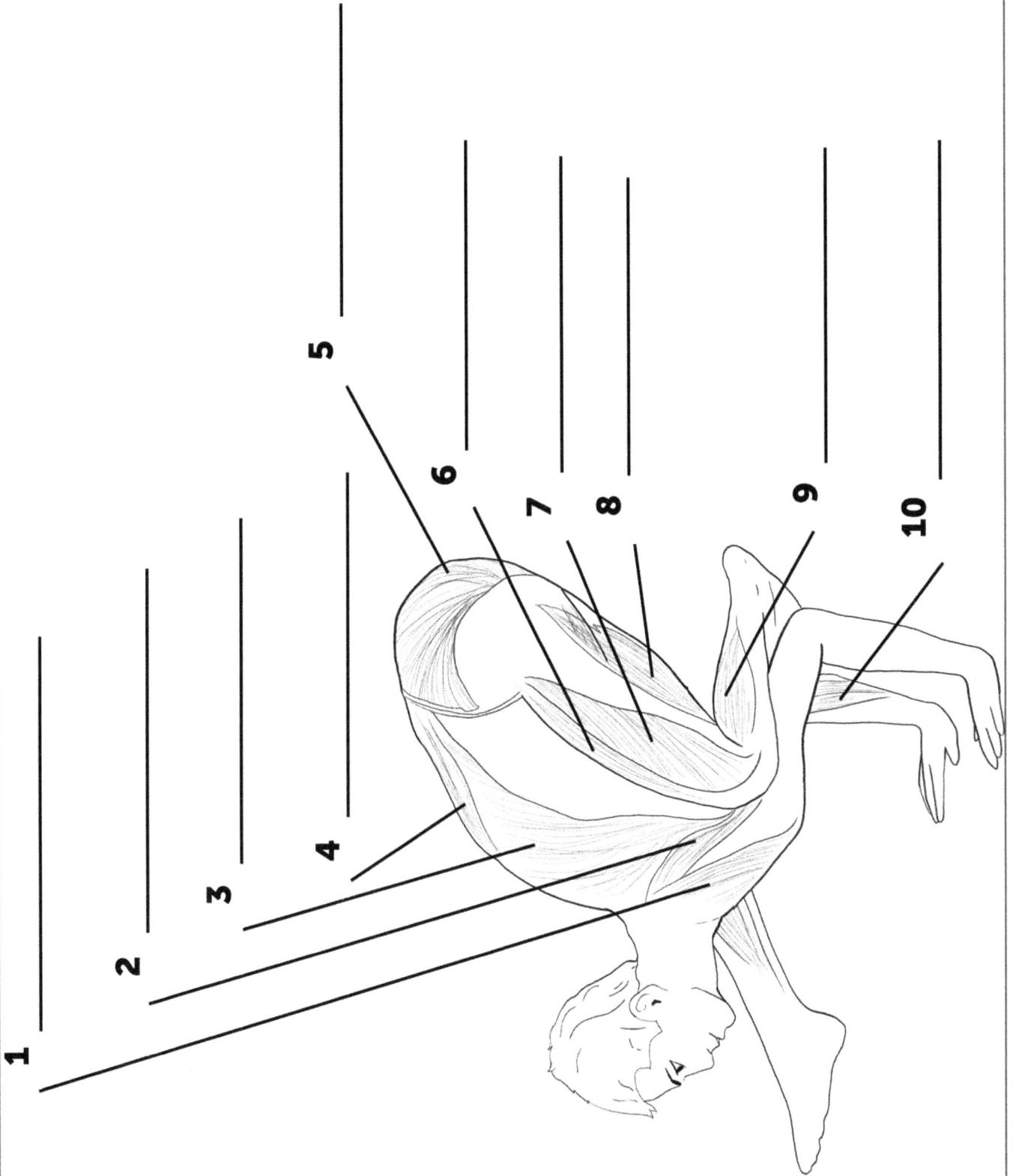

1

2

3

4

5

6

7

8

9

10

45. EKA PADA BAKASANA II

1. DELTOIDES
2. TRÍCEPS BRAQUIAL
3. LATISSIMUS DORSI
4. ERECTOR DE LA COLUMNA
5. MÚSCULO GLÚTEO MAYOR
6. RECTO FEMORAL
7. MÚSCULO VASTO LATERAL
8. ISQUIOTIBIALES
9. GASTROCNEMIO
10. PRONADORES

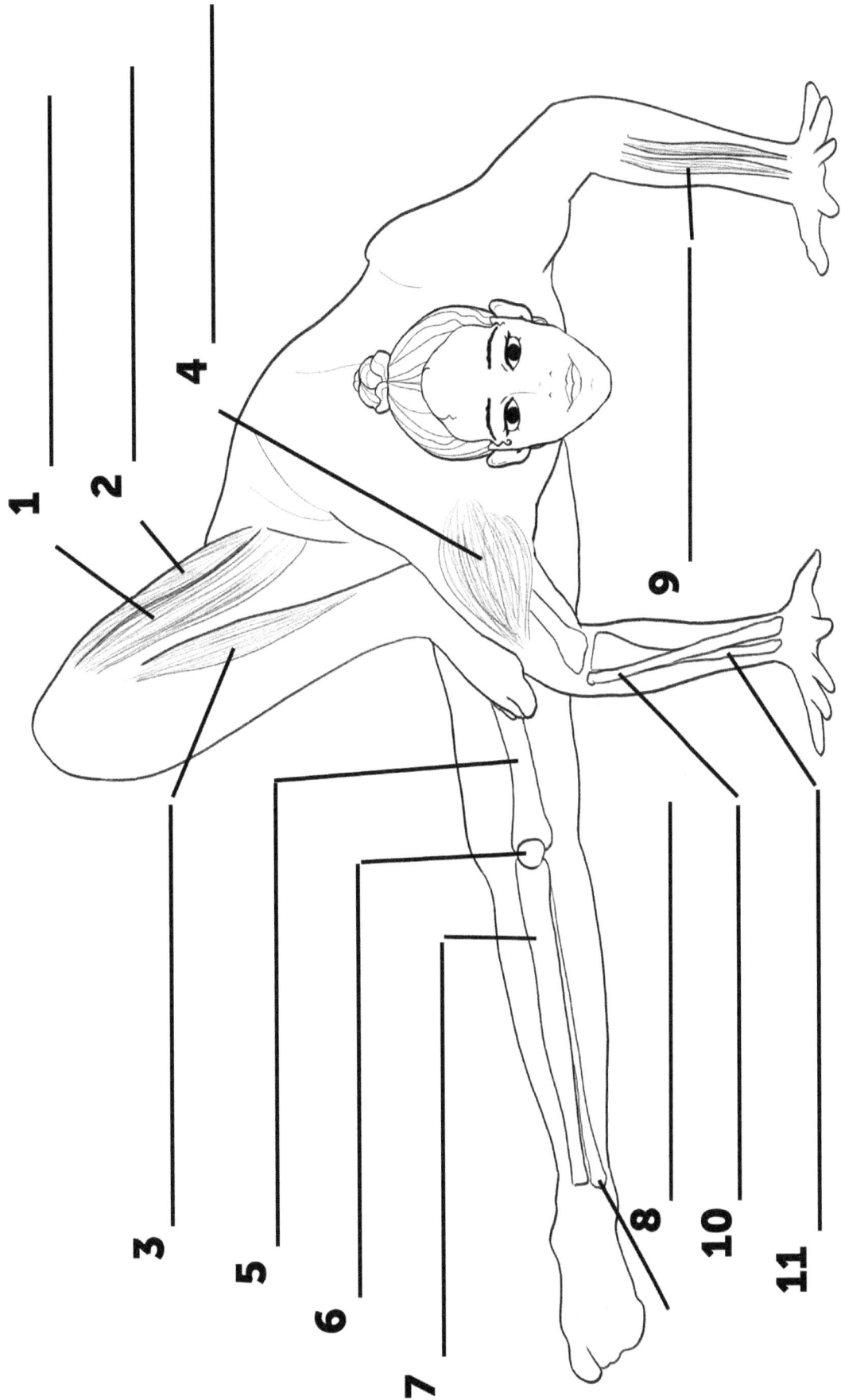

46   LIBÉLULA

1

2

3

4

5

6

7

8

9

10

11

46   LIBÉLULA

1. MÚSCULO VASTO LATERAL
2. RECTO FEMORAL
3. GASTROCNEMIO
4. DELTOIDES
5. FÉMUR
6. RÓTULA
7. TIBIA
8. PERONÉ
9. PRONADORES
10. RADIO
11. CÚBITO

47. POSTURA DEL ÁRBOL CON UNA MANO

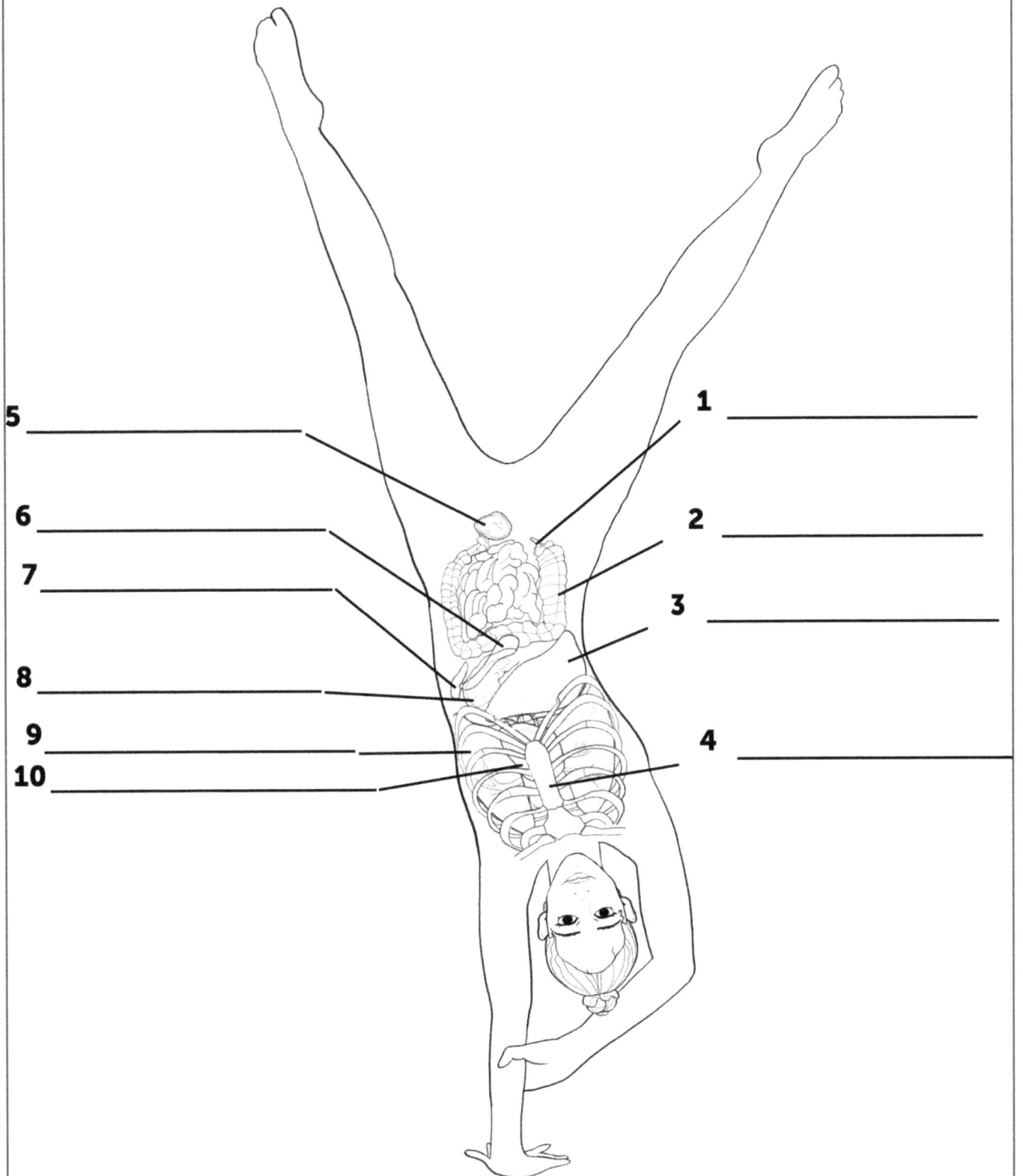

5 _____

6 _____

7 _____

8 _____

9 _____

10 _____

1 _____

2 _____

3 _____

4 _____

47. POSTURA DEL ÁRBOL CON UNA MANO

1. APÉNDICE
2. COLON ASCENDENTE
3. HÍGADO
4. ESTERNÓN
5. VEJIGA URINARIA
6. PÁNCREAS
7. BAZO
8. ESTÓMAGO
9. PULMONES
10. CORAZÓN

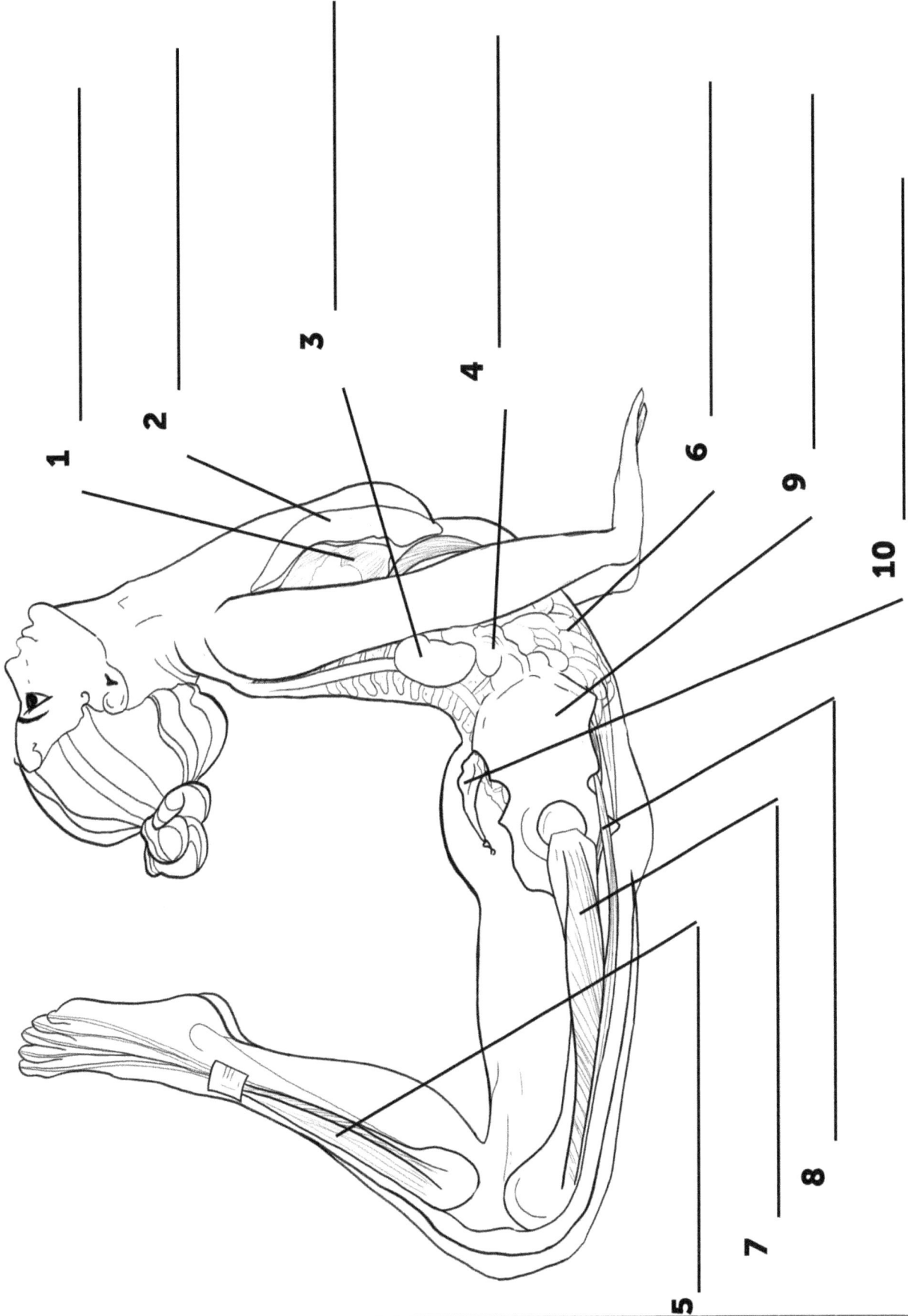

48   COBRA REAL

1

2

3

4

5

6

7

8

9

10

48   COBRA REAL

1.   CORAZÓN

2.   PULMONES

3.   RIÑÓN

4.   COLON ASCENDENTE

5.   TIBIAL ANTERIOR

6.   FOLICULOS DE INTESTINO DELGADO

7.   RECTO FEMORAL

8.   SARTORIO

9.   PELVIS

10. SACRO

49. UTKATASANA

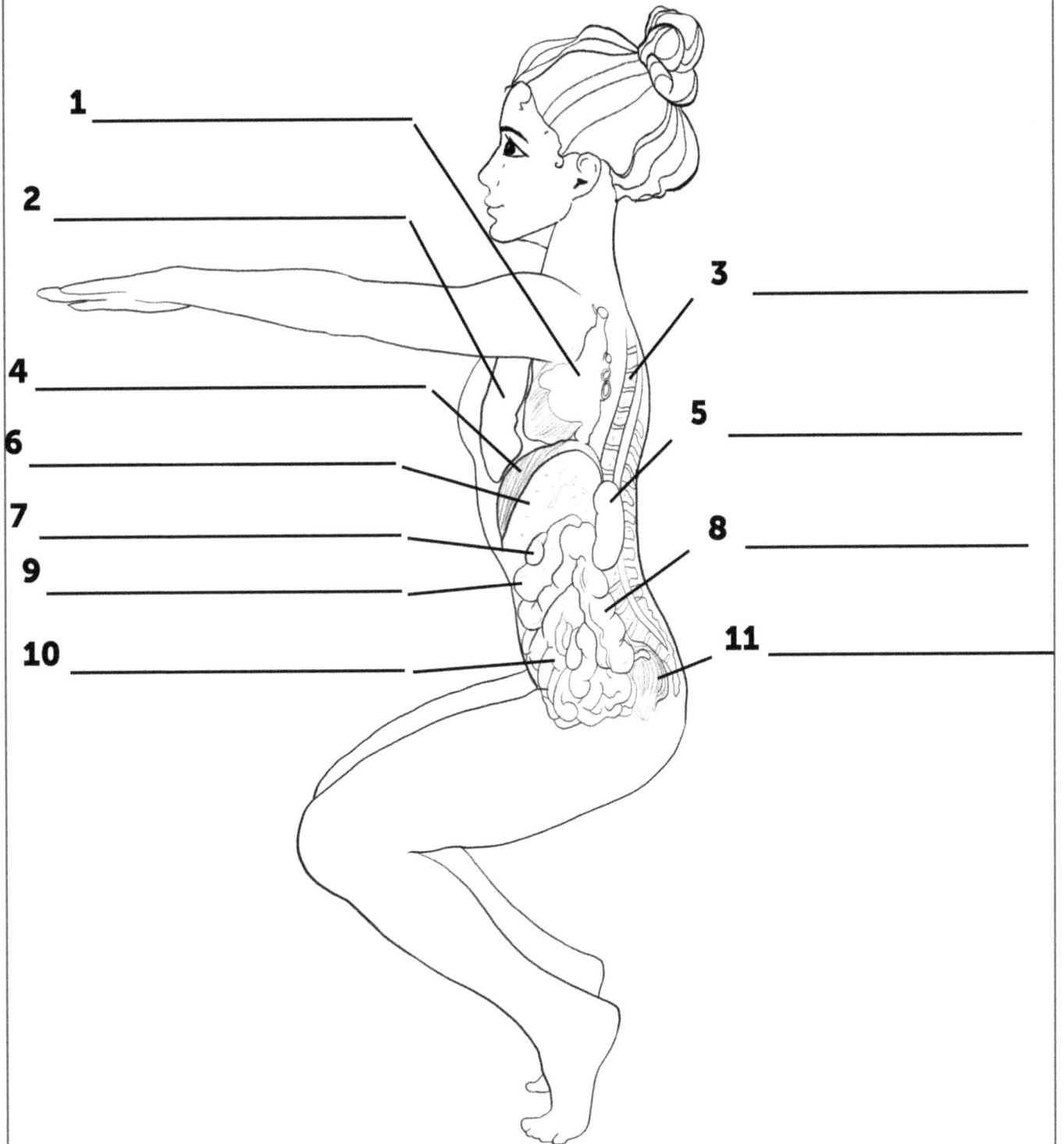

1 _____

2 _____

3 _____

4 _____

5 _____

6 _____

7 _____

8 _____

9 _____

10 _____

11 _____

49. UTKATASANA

1. CORAZÓN
2. PULMONES
3. COLUMNA VERTEBRAL
4. DIAFRAGMA
5. RIÑÓN
6. HÍGADO
7. VESÍCULA BILIAR
8. COLON DESCENDENTE
9. ESTÓMAGO
10. FOLICULOS DE INTESTINO DELGADO
11. RECTO

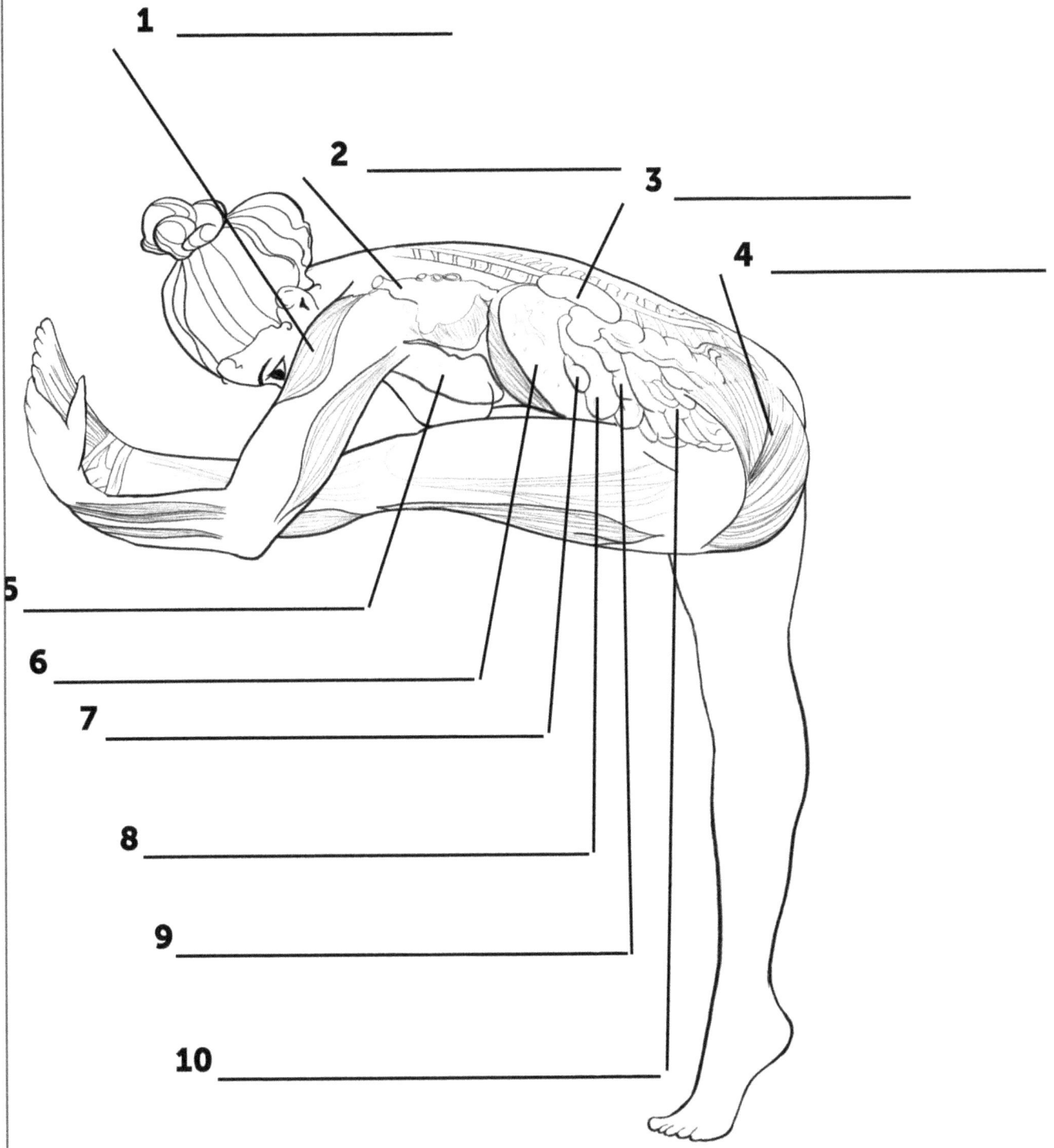

DANDAYAMANA JANUSHIRASANA

1 _____

2 _____

3 _____

4 _____

5 _____

6 _____

7 _____

8 _____

9 _____

10 _____

50 DANDAYAMANA JANUSHIRASANA

1. DELTOIDES
2. CORAZÓN
3. RIÑÓN
4. PIRIFORME
5. PULMONES
6. HÍGADO
7. VESÍCULA BILIAR
8. ESTÓMAGO
9. COLON TRANSVERSO
10. FOLICULOS DE INTESTINO DELGADO

51. NIRALAMBA SARVANGASANA

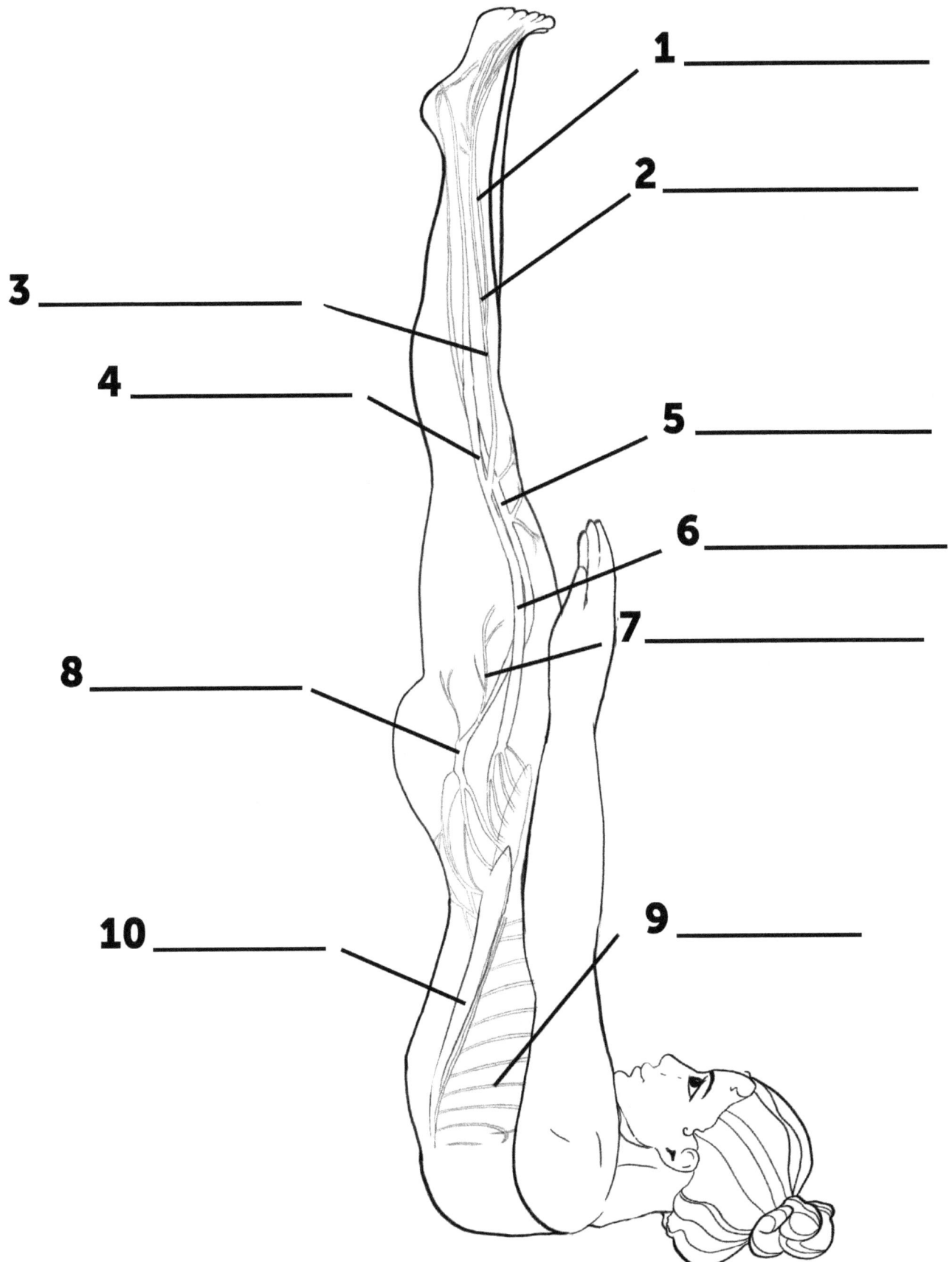

1 _____

2 _____

3 _____

4 _____

5 _____

6 _____

7 _____

8 _____

9 _____

10 _____

51. NIRALAMBA SARVANGASANA

1. PERONEO SUPERFICIAL

2. PERONEO PROFUNDO

3. PERONEO COMÚN

4. TIBIAL

5. SAFENA

6. CIÁTICO

7. RAMAS MUSCULARES DE FEMORAL

8. FEMORAL

9. INTERCOSTALES

10. MÉDULA ESPINAL

52.   SKANDASANA

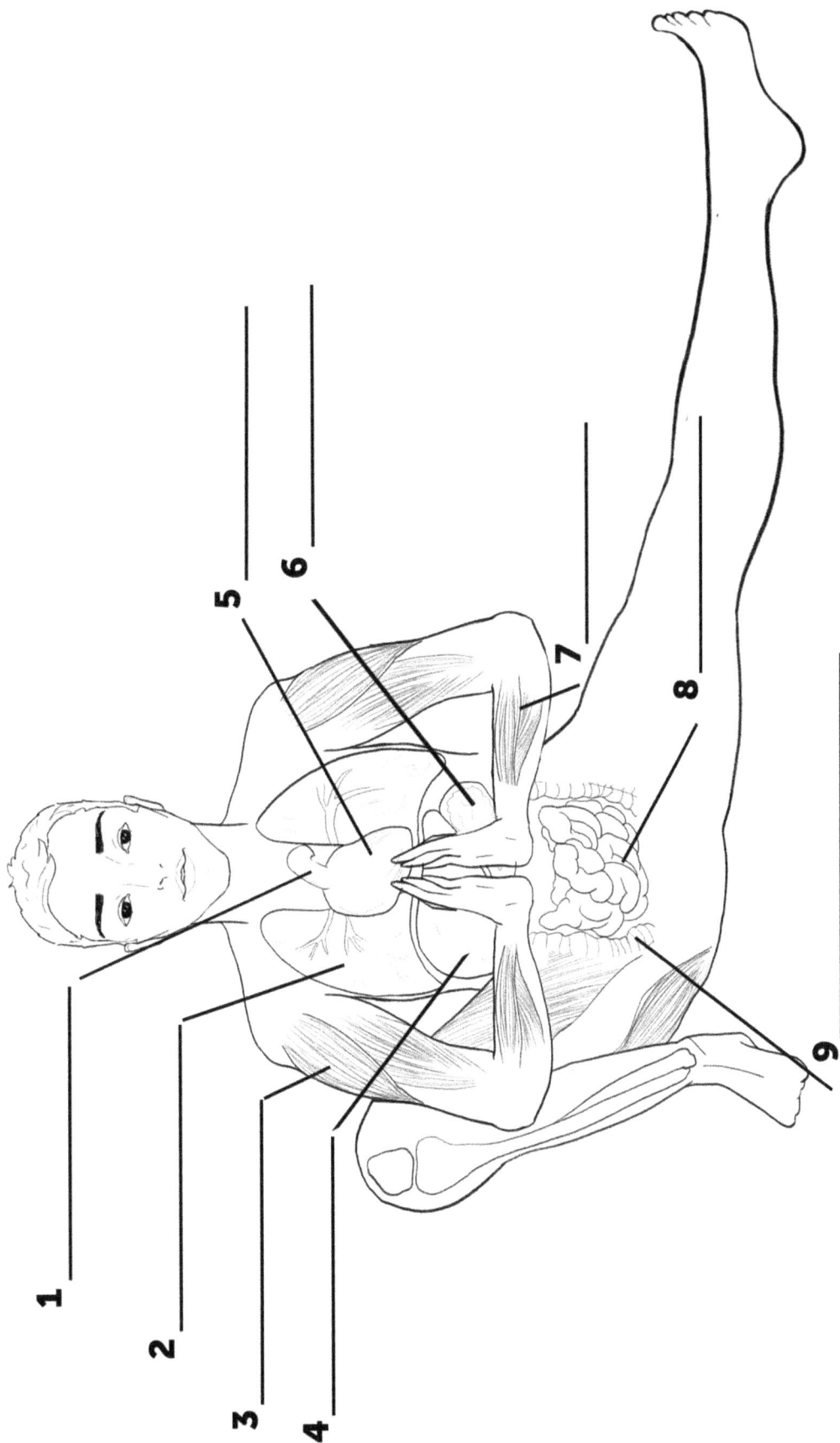

52. SKANDASANA

1. AORTA

2. PULMONES

3. DELTOIDES

4. HÍGADO

5. CORAZÓN

6. ESTÓMAGO

7. PRONADORES

8. FOLICULOS DE INTESTINO DELGADO

9. COLON ASCENDENTE

53. ANANTASANA PIERNA LEVANTAR

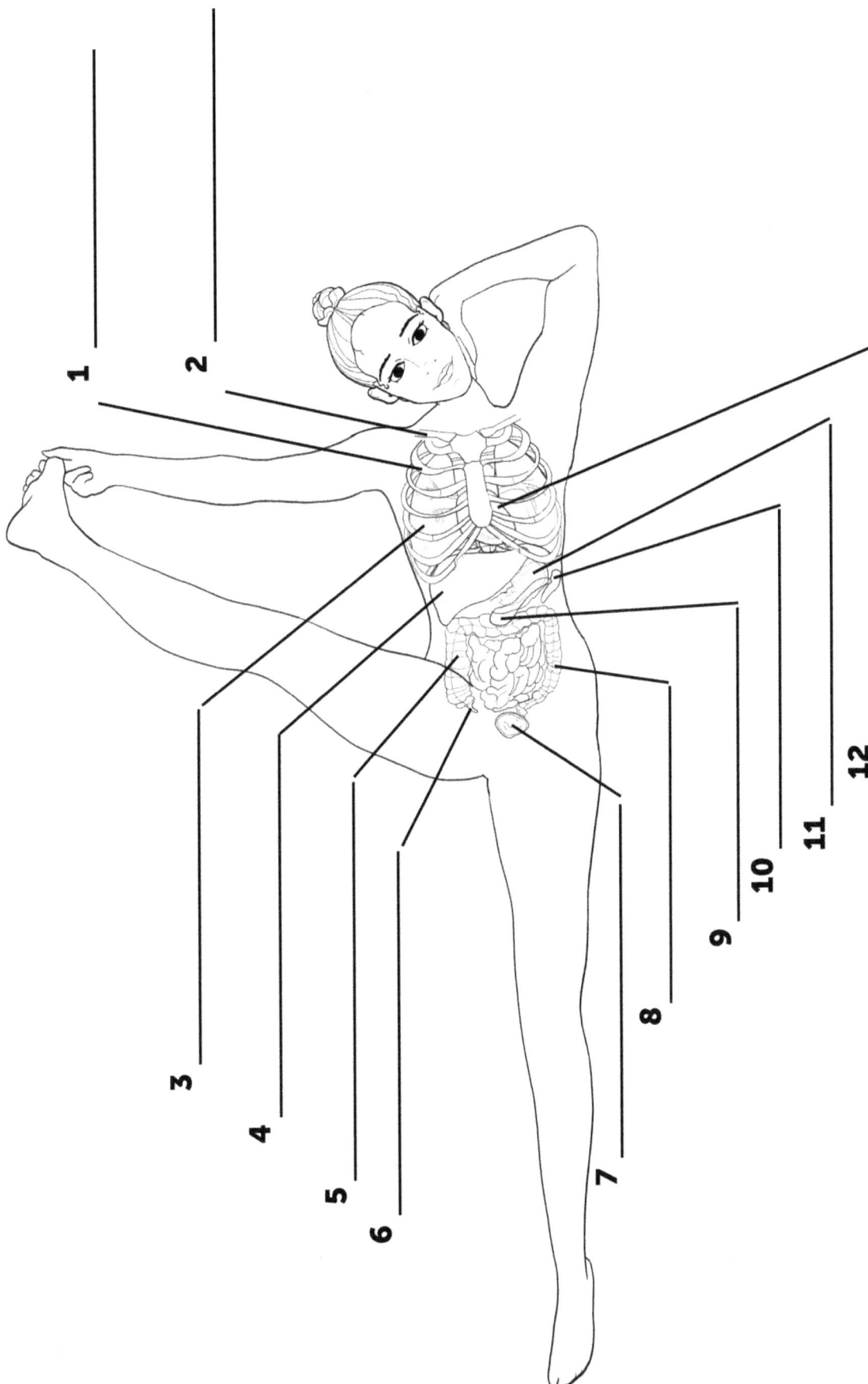

1

2

3

4

5

6

7

8

9

10

11

12

53. ANANTASANA PIERNA LEVANTAR

1.   COSTILLAS

2.   CLAVÍCULA

3.   PULMONES

4.   HÍGADO

5.   COLON ASCENDENTE

6.   APÉNDICE

7.   VEJIGA URINARIA

8.   COLON DESCENDENTE

9.   PÁNCREAS

10. BAZO

11. ESTÓMAGO

12. CORAZÓN